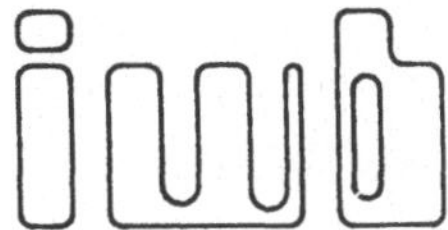

Forschungsberichte · Band 65

Berichte aus dem
Institut für Werkzeugmaschinen
und Betriebswissenschaften
der Technischen Universität München

Herausgeber: Prof. Dr.-Ing. J. Milberg

Christoph Woenckhaus

Rechnergestütztes System zur automatisierten 3D-Layoutoptimierung

Mit 81 Abbildungen

Springer-Verlag
Berlin Heidelberg GmbH 1994

Dipl.-Ing. Christoph Woenckhaus
Institut für Werkzeugmaschinen und Betriebswissenschaften (iwb), München

Prof. Dr.-Ing. J. Milberg
o. Professor an der Technischen Universität München
Institut für Werkzeugmaschinen und Betriebswissenschaften (iwb), München

D 91

ISBN 978-3-540-57284-8 ISBN 978-3-662-09698-7 (eBook)
DOI 10.1007/978-3-662-09698-7

Ursprünglich erschienen bei Springer-Verlag Berlin Heidelberg New York 1994

Gesamtherstellung: Hieronymus Buchreproduktions GmbH, München.
62/3020-543210

Geleitwort des Herausgebers

Die Verbesserung der Fertigungsmaschinen, der Fertigungsverfahren und der Fertigungsorganisation im Hinblick auf die Steigerung der Produktivität und die Verringerung der Fertigungskosten ist eine ständige Aufgabe der Produktionstechnik. Die Situation in der Produktionstechnik ist durch abnehmende Fertigungslosgrößen und zunehmende Personalkosten sowie durch eine unzureichende Nutzung der Produktionsanlagen geprägt. Neben den Forderungen nach einer Verbesserung von Mengenleistung und Arbeitsgenauigkeit gewinnt die Steigerung der Flexibilität von Fertigungsmaschinen und Fertigungsabläufen immer mehr an Bedeutung. In zunehmendem Maße werden Programme, Einrichtungen und Anlagen für rechnergestützte und flexibel automatisierte Produktionsabläufe entwickelt.

Ziel der Forschungsarbeiten am Institut für Werkzeugmaschinen und Betriebswissenschaften der Technischen Universität München (iwb) ist die weitere Verbesserung der Fertigungsmittel und Fertigungsverfahren im Hinblick auf eine Optimierung der Arbeitsgenauigkeit und Mengenleistung der Fertigungssysteme. Dabei stehen Fragen der anforderungsgerechten Maschinenauslegung sowie der optimalen Prozeßführung im Vordergrund. Ein weiterer Schwerpunkt ist die Entwicklung fortgeschrittener Produktionsstrukturen und die Erarbeitung von Konzepten für die Automatisierung des Auftragsdurchlaufs. Das Ziel ist eine Integration der technischen Auftragsabwicklung von der Konstruktion bis zur Montage.

Die im Rahmen dieser Buchreihe erscheinenden Bände stammen thematisch aus den Forschungsbereichen des iwb: Fertigungsverfahren, Werkzeugmaschinen, Fertigungs- und Montageautomatisierung, Betriebsplanung sowie Steuerungstechnik und Informationsverarbeitung. In ihnen werden neue Ergebnisse und Erkenntnisse aus der praxisnahen Forschung des iwb veröffentlicht. Diese Buchreihe soll dazu beitragen, den Wissenstransfer zwischen dem Hochschulbereich und dem Anwender in der Praxis zu verbessern.

Joachim Milberg

Vorwort

Die vorliegende Dissertation entstand während meiner Tätigkeit als wissenschaftlicher Mitarbeiter am Institut für Werkzeugmaschinen und Betriebswissenschaften (iwb) der Technischen Universität München.

Mein besonderer Dank gilt Herrn Professor Dr.-Ing. J. Milberg, dem Leiter dieses Instituts, für seine wohlwollende Unterstützung und Förderung, die zur erfolgreichen Durchführung dieser Arbeit beigetragen hat.

Herrn Professor Dr.-Ing. G. Duelen, dem Gründungsdekan der Fakultät für Maschinenbau, Elektrotechnik und Wirtschaftsingenieurwesen der TU Cottbus, danke ich für die kritische Durchsicht der Arbeit und die Übernahme des Koreferats.

Allen Mitarbeiterinnen und Mitarbeitern des Instituts und ganz besonders allen Studenten, die mich bei der Erstellung der vorliegenden Arbeit unterstützt haben, möchte ich meinen Dank aussprechen.

Dieses Buch widme ich meinen Eltern, die mir die gesamte Ausbildung überhaupt ermöglicht haben.

München, Juni 1993 *Christoph Woenckhaus*

Inhaltsverzeichnis Seite

1 Einleitung

Die allgemeine Wettbewerbssituation fordert heute von den Unternehmen zunehmend flexible Reaktionen auf sich rasch ändernde Markterfordernisse. Steigende Variantenvielfalt bei gleichzeitig sinkenden Stückzahlen machen eine effektive Planung des Produktionsprozesses erforderlich [MILB 92a, SELI 88]. Ziel ist es, den gesamten Planungsprozeß von der Produktidee bis zur Markteinführung drastisch zu verkürzen. Dieses Ziel läßt sich nur durch eine weitgehende Parallelisierung von Produktkonstruktion und Produktionssystemplanung erreichen [MILB 92b, SCHU 92]. Die Forderung nach einer hohen Planungssicherheit macht insbesondere bei der Montagesystemplanung das Bereitstellen und Verarbeiten großer Informationsmengen erforderlich, die zusätzlich eine starke Verflechtung untereinander aufweisen [SCHÄ 88, WEIC 85]. Zur Verarbeitung und Bereitstellung derart vieler Informationen eignen sich moderne Datenverarbeitungssysteme, deren Einsatz allerdings eine geeignete Strukturierung und rechnerinterne Darstellung erforderlich macht [BULL 89, EVER 80, FELD 87, FELD 92, SCHU 91]. Nahezu alle Autoren kommen zu dem Ergebnis, daß sich nur durch den Zugriff unterschiedlichster Planungswerkzeuge auf einen gemeinsamen Datenbestand Redundanzen in der Datenhaltung vermeiden lassen und die daraus resultierende Datenkonsistenz erhalten werden kann. In nahezu allen Arbeiten wird der gesamte Planungsprozeß aufgrund seiner Komplexität hinsichtlich unterschiedlicher Detaillierungsstufen strukturiert. Für jede dieser Stufen läßt sich dann ein auf dem gemeinsamen Datenmodell basierendes rechnergestütztes Planungswerkzeug einsetzen. Durch das Abspeichern der erarbeiteten Ergebnisse im gemeinsamen Datenmodell kann eine wiederholte Grunddatengenerierung für alle nachfolgenden Planungsschritte vermieden werden.

Eine mögliche Einteilung hinsichtlich des Detaillierungsgrades der verwendeten Modelle und Daten läßt sich durch die Einführung einer Anlagen-, einer Zellen- und einer Komponentenebene erreichen [SCHU 91] (Bild 1.1). Bei der Planung auf Anlagenebene stehen Materialfluß- und Kapazitätsbetrachtungen der gesamten Anlage, die aus einzelnen Fertigungs- und Montagezellen besteht, im Vordergrund [AMAN 91]. Bei der Auslegung einer einzelnen Fertigungs- oder Montagezelle sind im allgemeinen einzelne Komponenten räumlich anzuordnen. Neben Kollisionsbetrachtungen und der Lösung von Erreichbarkeits- und Zugänglichkeitsproblemen stellt die Off-Line-Pro-

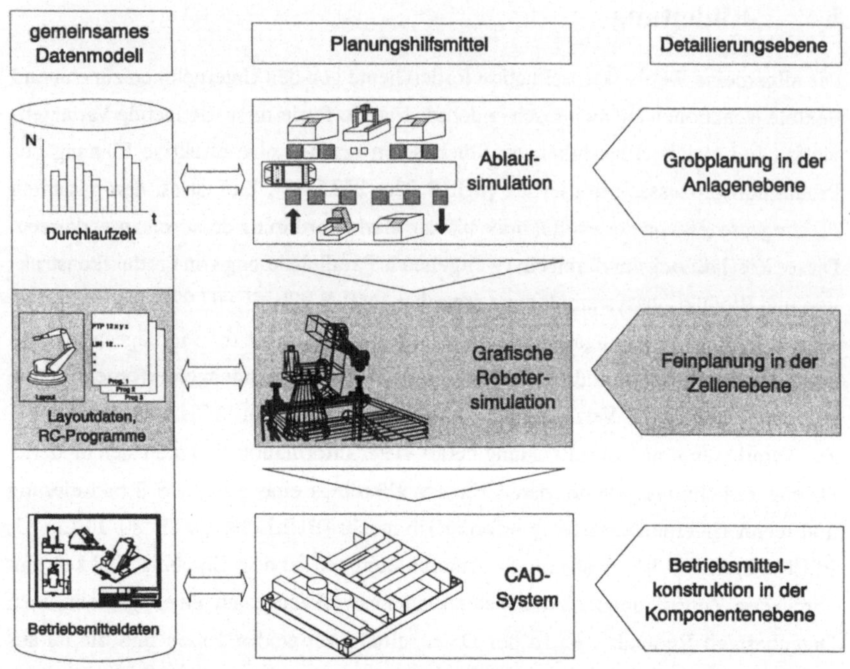

Bild 1.1: Strukturierung rechnerintegrierter Modelle und Methoden

grammierung einzelner Steuerungen, beispielsweise für Industrieroboter, die Hauptaufgabe dar. Als detaillierteste Ebene kann bei dieser Einteilung die Komponentenebene betrachtet werden. Hier wird die Konstruktion von Produktteilen [EHRL 90] oder verschiedenen Betriebsmitteln [STRO 92] als Bestandteil einer Montage- oder Fertigungszelle durchgeführt.

Eine wesentliche Aufgabe bei der Feinplanung auf Zellenebene stellt die räumliche Anordnung einzelner Komponenten und die Off-Line-Programmierung verschiedener Handhabungssysteme dar. Um diese Aufgabenstellung möglichst gut zu lösen, beispielsweise hinsichtlich der zu erzielenden Taktzeit, lassen sich 3D-Simulationssysteme als sinnvolle Unterstützung des Planers einsetzen. Grafisch-interaktiv können verschiedene Lösungsvarianten erzeugt, simuliert und bewertet werden (Bild 1.2). Trotz der Leistungsfähigkeit heute verfügbarer Systeme ist diese Aufgabe mit verhältnismäßig vielen Eingaben verbunden, so daß ein gezieltes Verbessern eines Zellenlayouts vielfach am notwendigen Zeitaufwand oder der Komplexität der Aufgabenstellung scheitert.

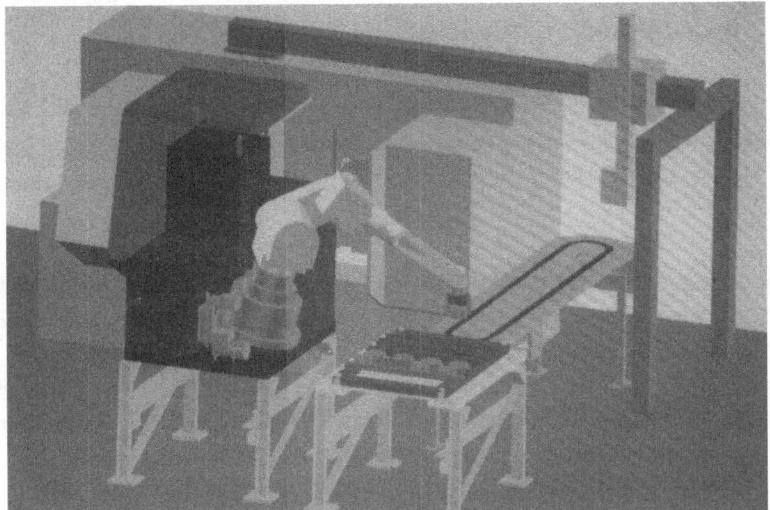

Bild 1.2: Dreidimensionales Modell einer Fertigungszelle für die Pumpenfertigung

Zielsetzung dieser Arbeit ist daher, dem Planer durch die Kopplung numerischer Optimierungsverfahren mit einem 3D-Simulationssystem ein rechnergestütztes Werkzeug zur automatisierten Optimierung von Produktionszellen zur Verfügung zu stellen.

2 Stand der Technik

2.1 Begriffe und Definitionen

Bevor in diesem Kapitel der Stand der Technik aus den Bereichen Produktionstechnik, 3D-Simulation und Optimierungsrechnung aufgezeigt wird, werden im folgenden einige Begriffe definiert, die im weiteren Verlauf dieser Arbeit immer wiederkehren werden.

Das **körpereigene Koordinatensystem** beschreibt den zu handhabenden Körper und ist fest mit diesem verbunden. Der Koordinatenursprung und die Richtungen der Koordinatenachsen sind prinzipiell frei wählbar.

Das **Bezugskoordinatensystem** beschreibt das den Körper umgebende System. Der Koordiantenursprung und die Richtung der Achsen sind auch hier frei wählbar.

Die Koordinaten eines Bewegungsbefehls werden im sogenannten **Roboterweltkoordinatensystem** angegeben. Der Koordinatenursprung und die Achsrichtungen werden vom Steuerungshersteller festgelegt.

Die **Position** eines Körpers ist der Ort, den ein bestimmter körpereigener Punkt im jeweiligen Bezugskoordinatensystem einnimmt. Er wird durch die Raumkoordinaten **x**, **y** und **z** festgelegt.

Die **Orientierung** eines Körpers gibt die Winkelbeziehung zwischen den Achsen des körpereigenen und denen des Bezugskoordinatensystems an. Die Verdrehungen um die x-, y- und z-Achse werden mit den Winkelwerten **al**, **be** und **ga** bezeichnet.

Die räumliche **Stellung** oder **Lage** eines Körpers wird durch dessen Position und Orientierung im vorgegebenen Koordinatensystem definiert.

Koordinatentransformationen werden benötigt, um die Lage von Körpern in verschiedenen Koordinatensystemen beschreiben zu können. In Bild 2.1 beschreibt beispielsweise die Matrix *old_mat* die Lage des Körpers K in seiner Ausgangslage. Die

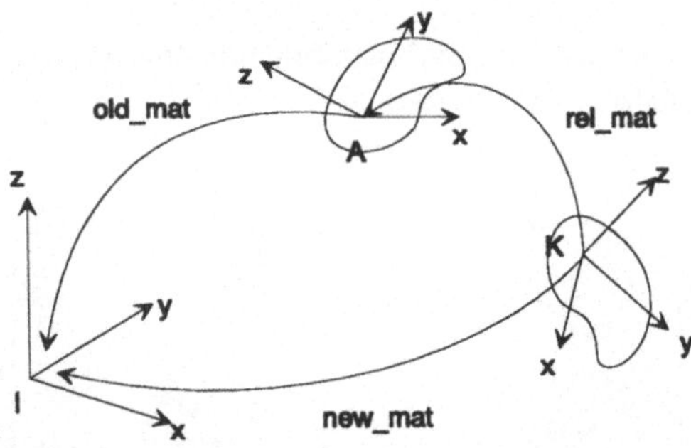

Bild 2.1 : Berechnung der neuen Objektlage

Matrix *rel_mat* beschreibt eine Lageänderung in Koordinaten des Systems A. Somit ergibt sich die neue Lage des Körpers K in Koordinaten des Inertialsystems nach der Matrizenmultiplikation (2.1) durch die Matrix *new_mat*:

(2.1) *new_mat = rel_mat * old_mat*

Für die hier betrachteten Fälle wird dies mit homogenen Transformationsmatrizen nach Denavit und Hartenberg [DENA 55] durchgeführt. Eine ausführliche Beschreibung dieser Methodik findet sich unter anderem in [TAUB 90a, WRBA 90].

Werden mehrere starre Körper durch Gelenke linear miteinander verknüpft, so wird diese Struktur als **kinematische Kette** bezeichnet. Das letzte Element dieser Kette wird in Anlehnung an einen Roboter als **Endeffektor** bezeichnet. Das körpereigene Koordinatensystem des Endeffektors wird **Tool-Center-Point (TCP)-Koordinatensystem** genannt.

Bei der Ausführung eines Roboterprogramms arbeitet die Robotersteuerung verschiedene Bewegungskommandos ab, die bewirken, daß der Roboter sein TCP-Koordinatensystem in eine bestimmte Stellung bewegt. Diese ist in Koordinaten des Roboterweltkoordinatensystems beschrieben und wird im folgenden auch **Zielframe** oder einfach **Frame** genannt.

Bei mehrachsigen Handhabungssystemen kann eine Stellung des TCP mit verschiedenen Achswinkelkonfigurationen eingestellt werden (Bild 2.2). Für eine eindeutige

Bestimmung werden diese Mehrdeutigkeiten durch die Angabe sogenannter **Stellungsparameter** ausgeschaltet.

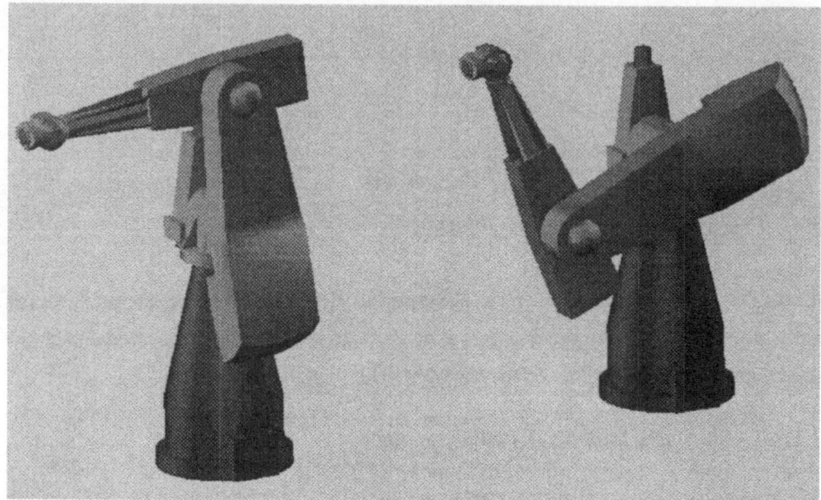

Bild 2.2: Unterschiedliche Achswinkelkonfigurationen bei gleicher Stellung des TCP

Unter einer **Produktionszelle** soll im folgenden eine Montage- oder Fertigungszelle verstanden werden, in der neben verschiedenen Handhabungssystemen und Peripheriekomponenten auch manuelle Arbeitsplätze enthalten sein können.

Eine parametrisierte mathematische Funktion wird im folgenden als **Zielfunktion** bezeichnet. Die Parameter der Zielfunktion sind sogenannte **Einflußparameter**. Als deren Ergebnis lassen sich in Abhängigkeit der Einflußparameter **Zielgrößen** berechnen.

Unter der **Gewichtung** einer Zielgröße versteht man einen Verstärkungsfaktor, mit dem deren Wert beaufschlagt wird, um ihn gegenüber anderen, weniger wichtigen Zielgrößen besonders hervorzuheben.

Der **Gütewert** charakterisiert die Qualität einer Lösungsvariante, die durch die Einflußparameter beschrieben ist. Er errechnet sich aus einer Summierung einzelner gewichteter Zielgrößen.

Der zulässige Bereich, in dem die Einflußparameter während einer Optimierungsrechnung variiert werden dürfen, wird im folgenden als **Suchraum** bezeichnet.

2.2 Flexible Fertigungs- und Montagezellen

Im Gegensatz zur Fertigungstechnik ist in der Montage heute noch kein entsprechend hoher Automatisierungsgrad erreicht [MILB 89a]. Ursachen hierfür sind im wesentlichen komplexere Aufgabenstellungen als in der Einzelteilfertigung, sowie die aufwendigere Programmierung von automatisierten Anlagen. Speziell im Bereich der Montage sind aufgrund von Fehlern in frühen Phasen des Planungsablaufs, beispielsweise bei einer nicht montagegerechten Konstruktion, besonders viele Randbedingungen zu berücksichtigen. Ein umfassender Überblick über den Stand der Technik im Bereich der Montageautomatisierung wird unter anderem in [SCHM 91a] gegeben.

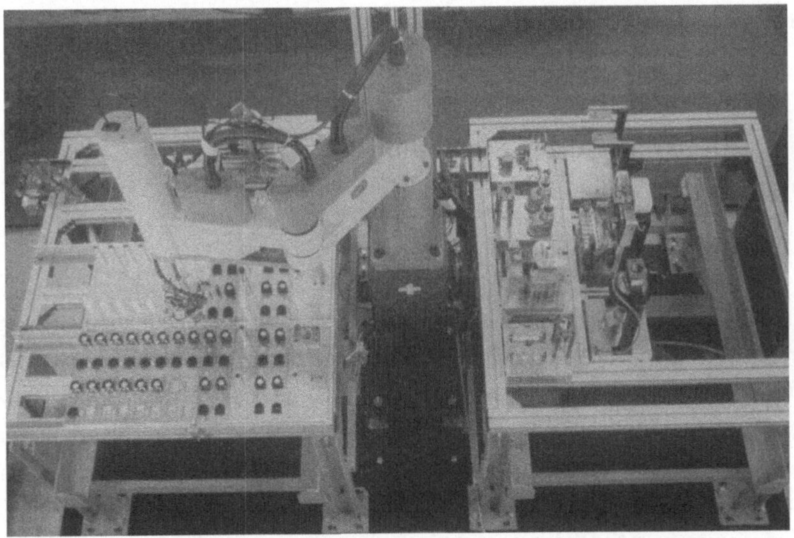

Bild 2.3: Flexible Montagezelle aus dem Bereich der Kleingerätemontage

Die steigende Variantenvielfalt bei gleichzeitig sinkenden Stückzahlen und eine sich verkürzende Produktlebensdauer machen die Planung flexibler Produktionsanlagen notwendig. Heute sind bereits eine Reihe flexibler Montagesysteme realisiert, die allerdings auf ein sehr begrenztes Produktspektrum eingeschränkt sind. Erste Ansätze befassen sich mit der Realisierung weitgehend produktneutraler Montagesysteme [SCHM 91a, WEND 92]. Bild 2.3 zeigt eine flexible Montagezelle, wie sie am Institut für Werkzeugmaschinen und Betriebswissenschaften (iwb) der Technischen Universität München realisiert worden ist. Auf dieser Anlage können drei unterschiedliche Produkte aus dem Bereich der Kleingerätemontage montiert werden. Der produktneutrale Zellenteil besteht aus Paletten mit Standardschnittstellen für Druckluft- und Stromversorgung, verschiedenen Grundgestellen und einem Industrieroboter. Durch Rüsten mit produktspezifischen Komponenten, wie Vereinzelungseinrichtungen oder Greifern, kann die Zelle an die jeweilige Montageaufgabe angepaßt werden.

Aufgrund der Komplexität vergleichbarer Anlagen besteht ein erheblicher Bedarf an leistungsstarken Planungsinstrumenten zur Zellengestaltung, zur Programmierung der eingesetzten Handhabungssysteme und zur Wirtschaftlichkeitsrechnung. Grafische Simulationssysteme lassen sich als geeignete Unterstützung zur Bearbeitung der beiden erstgenannten Teilaufgaben einsetzen.

2.3 Die grafische 3D-Simulation

2.3.1 Übersicht

Die räumliche Anordnung einzelner Betriebsmittel und die Off-Line-Programmierung der eingesetzten Handhabungssysteme zählt zu den Hauptaufgaben heute kommerziell verfügbarer 3D-Simulationssysteme. Nahezu alle verfügbaren Systeme, die beispielsweise in [KAND 88, NN 90, WLOK 91] zusammengestellt sind, bieten hierzu komfortable grafisch-interaktive Grundfunktionen an. Das Planungsergebnis ist ein Zellenlayout mit den zugehörigen Roboterprogrammen in der jeweiligen Robotersteuerungssprache. Mit Hilfe einer echtzeitfähigen Bewegungssimulation können die off-line erstellten Bewegungsprogramme simuliert und verifiziert werden, wobei sich Auslegungskriterien, wie die Taktzeit oder die Kollisionsfreiheit, automatisch bestimmen lassen. Da im allgemeinen nicht gleich das erste interaktiv erstellte Zellenlayout zu einer ausreichend guten Lösung führt, werden die drei Arbeitsschritte:

- Plazieren einzelner Komponenten,
- Off-Line-Programmierung der eingesetzten Roboter und
- Simulation des Bewegungsablaufs

nicht streng sequentiell, sondern mehrmals nacheinander durchlaufen (Bild 2.4), bis eine zufriedenstellende Lösung gefunden ist. Über die Grundfunktionen hinaus, wird dem Anwender weitergehende Benutzerunterstützung, beispielsweise durch Kopplungen zu Technologiedatenbanken, angeboten. Damit lassen sich relevante technologische Informationen, wie Verfahrgeschwindigkeiten oder ein Werkzeugabstand bei Schweiß- oder Lackieraufgaben, bereits während der Programmerstellung berücksichtigen. Gegenstand derzeitiger Forschungsaktivitäten sind einerseits Funktionen zur komfortableren Programmierung von Industrierobotereinsätzen, beispielsweise durch die automatisierte kollisionsfreie Bahnplanung [GLAV 91, LOZA 87] und Greifplanung [HÖRM 90, JAME 87]. Andererseits kann die Qualität der Simulationsergebnisse durch Berücksichtigung von weiteren Einflußgrößen, wie der Roboterdynamik oder physikalischer Effekte, gesteigert werden.

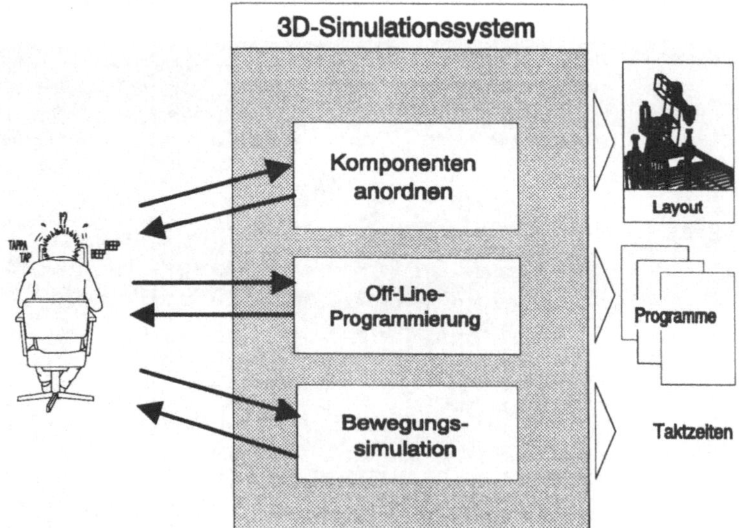

Bild 2.4: Interaktive Planung mit Hilfe der 3D-Simulation

2.3.2 Das Simulationssystem USIS

Das Simulationssystem USIS (Universal Simulation System) wurde ursprünglich für die Robotersimulation entwickelt [MILB 88, TAUB 90b, WOEN 93, WRBA 90]. Das System läßt sich inzwischen zur Simulation beliebiger kinematischer Strukturen einsetzen, beispielsweise für Werkzeugmaschinen [SCHR 92, LINN 92] oder Werkermodelle [KUMM 92, MILB 89b, PFRA 90]. Zur Vereinfachung der Off-Line-Programmierung wurde ein Bahnplanungsmodul entwickelt, mit dessen Hilfe automatisch kollisionsfreie Roboterbahnen zwischen einem Start- und einem Zielpunkt generiert werden können (Bild 2.5). Zur vereinfachten Programmierung von Greifoperationen wird ein Greifplanungsmodul eingesetzt, der automatisch eine kollisionsfreie Greifposition mit den zugehörigen An- und Abrückbewegungen ermittelt [STET 92]. Um dem zunehmenden Einsatz von Sensoren in der flexiblen Produktion gerecht zu werden, wurden in USIS eine Reihe von Sensoren funktional nachgebildet [MILB 89c]. Die Sensoren, wie Lichtschranken, Berührungssensoren oder auch Lasersensoren, können nicht nur Ereignisse detektieren, sondern das Ergebnis der Messung mit einer Signalkommunikation an ein Robotersteuerungsmodell weitergeben.

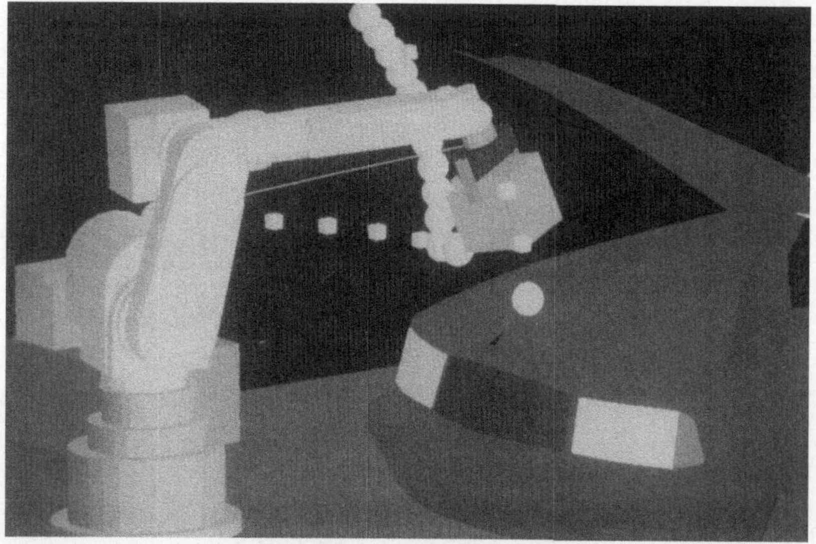

Bild 2.5: Automatisierte kollisionsfreie Bahnplanung zum Einlegen einer Autobatterie

Auf diese Weise lassen sich Programmverzweigungen in Abhängigkeit von Meßergebnissen programmieren und simulieren.

Zur Qualitätssteigerung der Simulationsergebnisse bietet USIS die Möglichkeit, physikalische Effekte wie Reibung oder Gravitation zu berücksichtigen, so daß beispielsweise Rutschen und Schikanen für den Materialtransport realitätsnah simuliert werden können [STET 91]. Hierzu gehört auch die Berechnung der Roboterdynamik, die durch die Ankopplung kommerzieller Dynamikpakete realisiert worden ist [TAUB 90a, WOEN 90].

Aber nicht nur in der Produktionstechnik, sondern auch zur Planung komplizierter chirurgischer Eingriffe können 3D-Simulationssysteme sinnvoll eingesetzt werden. Für orthopädische Eingriffe kann die Geometriebeschreibung über den Knochenaufbau aus einem Computertomographen gewonnen werden und in der Simulation zu einem vollständigen Modell rekonstruiert werden. Basierend auf diesem Modell kann die Planung des operativen Eingriffs erfolgen [MOCT 92, PRAS 90].

Mit den hier beschriebenen Funktionen der 3D-Simulation wird dem Planer die Lösungsfindung deutlich erleichert. Ein umfassendes Werkzeug zur rechnergestützten Optimierung einer Zellenkonfiguration steht ihm heute noch nicht zur Verfügung. Im nächsten Abschnitt soll daher ein Überblick über verschiedene Optimierungstechniken gegeben werden.

2.4 Numerische Optimierungsverfahren

2.4.1 Übersicht

Die ersten Ansätze der Optimierungsrechnung reichen bis ins Mittelalter zurück und sind mit Namen wie Galileo Galilei oder Jakob Bernoulli zu verbinden. Trotz der frühen Anfänge gewann diese Methodik erst in der Mitte des 20. Jahrhunderts durch die Verbreitung schneller digitaler Rechner an Bedeutung [RÖHR 89, SCHW 75]. Ausgehend von den Anforderungen technischer Bereiche, insbesondere der Luft- und Raumfahrtindustrie, verschaffte sich die rechnergestützte Optimierung Zugang zu weiten Bereichen des Maschinenbaus.

Betrachtet man allgemeine Problemstellungen aus technischen Bereichen, so handelt es sich bei einer Optimierungsaufgabe in der Regel um ein nichtlineares unstetiges Problem, das in den wenigsten Fällen durch ein geschlossenes mathematisches Gleichungssystem beschrieben werden kann. Um eine allgemeine Anwendbarkeit zu gewährleisten, sollen im folgenden nur numerische Verfahren betrachtet werden. Die Einteilung numerischer Optimierungsverfahren kann nach unterschiedlichen Gesichstpunkten erfolgen [DIES 88, ENTE 76, EIDT 77, JACO 82, MÜLL 70, SCHW 75]. Eine Einteilung der zur Verfügung stehenden Verfahren nach der Art des Optimierungsproblems ist in Bild 2.6 dargestellt. Bei den numerischen Methoden zur Behandlung linearer Problemstellungen sollen im weiteren nur Reihenfolgeprobleme angesprochen werden. Die nichtlinearen Probleme lassen sich ihrerseits unter anderem in geometrische, quadratische, dynamische oder allgemeine Optimierungsaufgaben einteilen, wobei die letztgenannten Problemstellungen mit und ohne mathematische Ableitung vorliegen können.

Die Verfahren zur Lösung von Problemen ohne analytische Ableitung lassen sich weiter in Verfahren der direkten Suche, Gradientenverfahren und Verfahren der zufälligen Suche aufteilen. Sie sind in der Lage, eine optimale Parameterkombination für eine beliebige Zielfunktion zu finden, ohne eine analytische Beschreibung dieser Funktion zu benötigen.

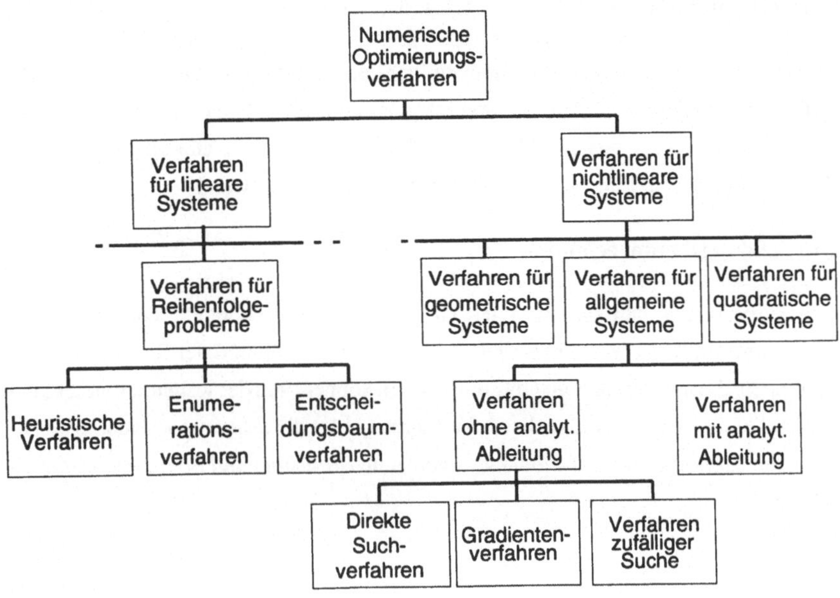

Bild 2.6: Einteilung numerischer Optimierungsverfahren nach [DIES 88]

2.4.2 Verfahren für lineare Systeme

Die Problemstellungen aus dem Bereich der dreidimensionalen Layoutplanung sind im allgemeinen nichtlinearer Natur. Dennoch sind auch in diesem Bereich Aufgabenstellungen denkbar, die sich mit linearen Optimierungsverfahren bearbeiten lassen. So läßt sich beispielsweise das Austauschen von vorgegebenen Objektstandorten auf ein Reihenfolgeproblem (Raumzuordnungsproblem) zurückführen. Ziel dieser Verfahren ist es, die optimale Reihenfolge verschiedener Elemente hinsichtlich einer bekannten Zielfunktion zu ermitteln. Die einzelnen Elemente können dabei Orte (Raumzuordnungsproblem), Wege (Traveling Salesman Problem) oder auch die Zeiten für eine Maschinenbelegung im Produktionsablauf sein. Diese Verfahren lassen sich u. a. wiederum in Enumerationsverfahren, Entscheidungsbaumverfahren und heuristische Verfahren aufteilen.

Enumerationsverfahren

Die vollständige Enumeration das stellt einfachste, aber bei weitem auch aufwendigste Verfahren dar. Hierbei werden alle möglichen Parameterkombinationen berechnet und am Schluß die beste ausgewählt. Dieses Verfahren erfordert allerdings schon bei kleineren Problemstellungen einen immensen Rechenzeitaufwand.

Entscheidungsbaumverfahren

Eine Verbesserung läßt sich in vielen Fällen durch die Anwendung eines Entscheidungsbaumverfahrens erreichen. Dabei werden bereits während der Rechnung Kombinationen, die nicht mehr zum Optimum führen können, von der weiteren Betrachtung ausgeschlossen. Zu der Klasse dieser Verfahren gehört die *dynamische Planungsrechnung*, die *begrenzte Enumeration* und sogenannte *Branching and Bounding-Verfahren* [MÜLL 70].

Heuristische Verfahren

Heuristische Verfahren führen im Gegensatz zu den oben genannten Methoden nicht mit Sicherheit zum globalen Optimum. Dennoch kann mit diesen Verfahren bei einer deutlich verkürzten Rechenzeit eine suboptimale Reihenfolge bestimmt werden. Man unterscheidet sogenannte Eröffnungsverfahren, die eine suboptimale Lösung liefern, von Iterationsverfahren, welche ein Ergebnis nachträglich verbessern. Als Beispiel für Eröffnungsverfahren seien an dieser Stelle die *Strategie des besten Nachfolgers* und für die Iterationsverfahren diverse *Permutationsalgorithmen* genannt, die in [KUPE 91] genauer beschrieben werden.

2.4.3 Verfahren für nichtlineare Systeme

Die Verfahren zur Bearbeitung nichtlinearer Systeme lassen sich entsprechend der zu bearbeitenden Zielfunktion weiter in Verfahren für geometrische, quadratische, dynamische oder allgemeine Problemstellungen einteilen. Im folgenden sollen nur noch Verfahren zur Lösung allgemeiner Problemstellungen betrachtet werden, welche sich wiederum in solche mit und ohne eine analytische Ableitung der Zielfunktion unterteilen lassen. Um eine weitgehende Allgemeingültigkeit bei der Problemlösung zu erreichen, sind die Verfahren zur Lösung nichtlinearer Problemstellungen ohne analytische Ableitung geeignet. Diese Verfahren benötigen keinerlei Informationen darüber, in welchem mathematischen Zusammenhang die einzelnen Einflußparameter zueinander stehen. Dementsprechend können diese in Form eines Vektors zusammengestellt werden (Bild 2.7). Durch Einsetzen der einzelnen Parameterwerte in die Zielfunktion, läßt sich jedem Parametervektor eindeutig ein Zielgrößenvektor zuordnen. Ein sich zeitlich änderndes Verhalten der Problembeschreibung wird ausgeschlossen. Nach einer Gewichtung der einzelnen Zielgrößen erfolgt die Bildung eines Gütewertes durch deren Addition. Auf Basis dieses Gütewertes berechnet sich das Optimierungsverfahren einen neuen Parametervektor.

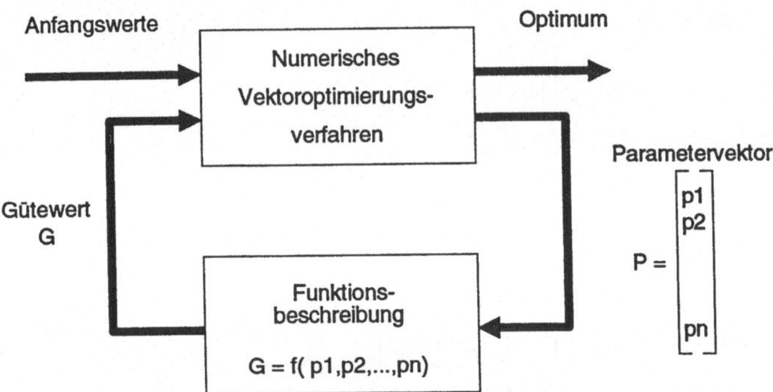

Bild 2.7: Funktionsweise von Vektoroptimierungsverfahren

2.4.3.1 Direkte Suchverfahren

Bei direkten Suchverfahren wird der neue Parametervektor mit Hilfe einer fest im jeweiligen Verfahren implementierten Strategie berechnet. Aus der Kenntnis einer gewissen Anzahl von Gütewerten aus zurückliegenden Versuchen wird eine neue Suchrichtung und Schrittlänge bestimmt. Man unterscheidet bei den Strategien spezielle Verfahren der eindimensionalen von denen der mehrdimensionalen Suche.

Verfahren der eindimensionalen Suche

Die Verfahren zur Lösung von eindimensonalen Problemen stellen den Sonderfall dar, daß das Optimierungsproblem von nur einer einzigen Variablen abhängt. Für den hier geplanten Einsatz haben diese Verfahren [BREN 73, KIEF 53, PRES 87, WILD 64] eine untergeordnete Rolle. Die im folgenden beschriebenen Verfahren zur Lösung mehrdimensionaler Problemstellungen setzen jedoch teilweise auf Verfahren der eindimensionalen Suche auf.

Verfahren der mehrdimensionalen Suche

In den 60er Jahren wurden eine Reihe von Parameteroptimierungsverfahren zur Lösung mehrdimensionaler Optimierungsprobleme entwickelt. Sie unterscheiden sich durch ihre spezielle Strategie bei der Bestimmung eines neuen Einflußparametervektors voneinander. Einige dieser Verfahren, die ohne eine analytische oder numerische Ableitung der Zielfunktion auskommen, seien hier mit den entsprechenden Literaturverweisen aufgeführt:

- Hooke-Jeeves-Verfahren [HOOK 61],
- Powell-Verfahren [POWE 64],
- Rosenbrock-Verfahren [ROSE 60],
- Downhill-Simplex-Verfahren [NELD 65],
- Verfahren von Box [BOX 65],
- Extrem-Verfahren [JACO 75, JACO 82],
- Globex-Verfahren [JACO 82].

Ohne an dieser Stelle detailliert auf jede einzelne Lösungsstrategie einzugehen, soll anhand des Hooke-Jeeves-Verfahrens die prinzipielle Vorgehensweise direkter Suchverfahren erläutert werden (Bild 2.8). Das Hooke-Jeeves-Verfahren beginnt die Suche nach dem Optimum einer Zielfunktion von einem beliebigen Startpunkt (1) aus. Zunächst wird die erste Komponente des Parametervektors in beiden Koordinatenrichtungen um eine Anfangsschrittweite variiert (Punkte (2) und (3)). Vom erfolgreicheren dieser beiden Punkte aus (3) wird dann der analoge Variationsvorgang entlang der nächsten Koordinatenrichtung durchgeführt (Punkte (4) und (5)). Wurden alle Vektorkomponenten einmal durchvariiert, so wird eine neue resultierende Suchrichtung bestimmt (Punkt (6)). Ausgehend von diesem Punkt beginnt die erneute Variation aller Vektorkomponenten, wobei zusätzlich eine Anpassung der Anfangsschrittweiten erfolgt, bis das Verfahren schließlich in einem (meist lokalen) Optimum konvergiert.

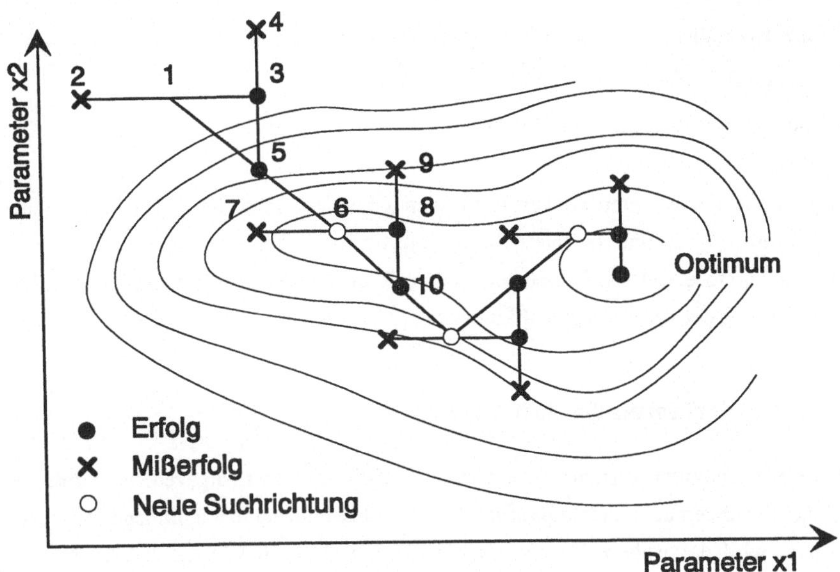

Bild 2.8: Vorgehensweise des Hooke-Jeeves-Verfahrens

Gemeinsam ist allen oben genannten Verfahren, daß weder Kenntnis über die Beschaffenheit der Zielfunktion, noch eine analytische oder numerische Ableitung der Zielfunktion an einem bestimmten Punkt vorliegen muß. Die neue Suchrichtung wird vielmehr aus Testpunkten in der Umgebung des betrachteten aktuellen Punktes ermittelt.

2.4.3.2 Gradientenverfahren

Gradientenverfahren nutzen nicht nur die Kenntnis der Funktionswerte umliegender Testpunkte zur Berechnung einer neuen Suchrichtung und Schrittweite, sondern zusätzlich den Gradienten des Funktionswertes an der untersuchten Stelle. Dabei lassen sich Verfahren, die eine analytische Bestimmung des Gradienten benötigen von denen, die diesen numerisch berechnen, unterscheiden. Für einen allgemeingültigen Einsatz sind nur Verfahren mit numerischer Gradienteberechnung geeignet, wie beispielsweise

- das Konjugierte-Gradienten-Verfahren [RAO 84],
- das DFP-Verfahren [FLET 63],
- und das BFGS-Verfahren [BROY 70].

Die Gradientenverfahren konvergieren dann schneller, wenn die Zielfunktion nicht extrem unstetig ist und die Interpolationsschritte ausreichend klein gewählt wurden. Als nachteilig erweist sich hier der erhöhte Rechenaufwand durch die numerische Bestimmung der notwendigen Ableitungen.

2.4.3.3 Verfahren der zufälligen Suche

Die oben genannten Verfahren tasten sich mit Hilfe einer fest vorgegebenen Strategie durch eine ihnen unbekannte Zielfunktion. Aus den Informationen umliegender Testpunkte wird der weitere Weg in dem Funktionsgebirge bestimmt. Dabei wird im allgemeinen dem Weg des steilsten Abstieges gefolgt, wobei in der Regel die Schrittweite für eine Parameteränderung angepaßt wird. Dementsprechend ist die Wahrscheinlichkeit, daß das Optimierungsverfahren nur ein lokales Optimum findet, relativ groß, da nicht der vollständige Suchraum abgesucht wird. Verfahren der zufälligen Suche minimieren dieses Risko, setzen aber einen deutlich höheren Rechenaufwand voraus. Ein umfassender Überblick über Zufallsstrategien wird in [SCHW 75] gegeben.

Reine Zufallssuche

Im einfachsten Fall dieser auch *Monte-Carlo-Methoden* genannten Verfahren wird der Parametervektor durch Zufallszahlen belegt. Der beste Gütewert nach einer bestimmten Anzahl von Versuchen gilt dann als Optimum. Weiterentwicklungen dieser Methoden beziehen zur Bestimmung des neuen Parametervektors eine Häufigkeitsverteilung mit ein und erreichen so ein eher gerichtetes Vorgehen, beispielsweise die *kriechende Zufallssuche* [BROO 58].

Evolutionsstrategien

Evolutionsstrategien [RECH 73, SCHW 75] versuchen durch zufällige Parametervariationen einen biologischen Evolutionsprozeß nachzuempfinden. Innerhalb einer bestimmten Umgebung des aktuellen Punktes im Parameterraum werden eine Reihe weiterer umliegender Testpunkte mit Hilfe eines Zufallsgenerators erzeugt. Die zufälligen Parameteränderungen wirken dabei wie Mutationen. Die Berechnung neuer Parameterwerte erfolgt durch Selektion der jeweils besten Lösungen, quasi als Eltern für die nachfolgende Generation.

Genetische Algorithmen

Wie die oben genannten Evolutionsstrategien simulieren auch genetische Optimierungsverfahren [GOLD 89, HOLL 87], die seit den 70er Jahren Gegenstand der Forschung sind, den Evolutionsprozeß. Genetische Optimierungsalgorithmen rechnen im Unterschied zu allen bisher vorgestellten Methoden nicht direkt mit den Werten der Modellparameter, sondern mit einer Binärcodierung der Parameterwerte. Basis dieser Methode ist die Darstellung positiver natürlicher Zahlen im Binärsystem (Bild 2.9). Die Binärcodierung einer Zahl kann dabei mit einem Chromosom verglichen werden, wobei die einzelnen Informationseinheiten nur aus einer "0" oder "1" bestehen können. Um auch negative oder reelle Zahlen verschlüsseln zu können, wird eine Skalierung notwendig, wobei der Wertebereich und die maximale Genauigkeit einer reellen Zahl durch die Länge des Chromosoms bestimmt werden. Mit der in Bild 2.9 dargestellten Codierung können beispielsweise natürliche Zahlen zwischen 0 und 63 verschlüsselt werden. Durch eine geeignete Skalierung kann dieser Bereich beispielsweise auf Zahlenwerte zwischen -30 und +33 verschoben werden. Sollen auch reelle Zahlen mit einer Genauigkeit von einem Zehntel darstellbar sein, können in diesem Beispiel Zahlen zwischen -3.0 und +3.3 verschlüsselt werden.

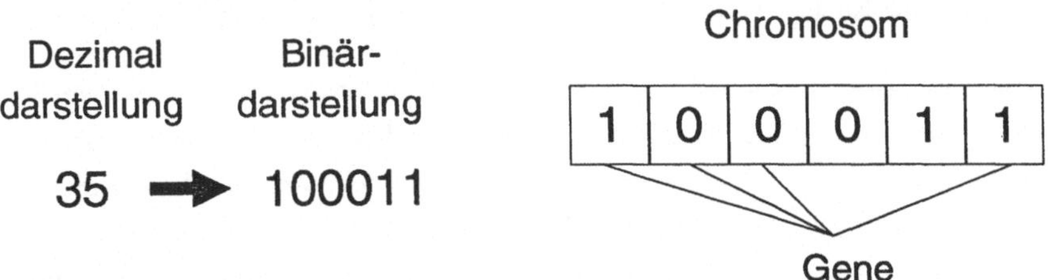

Bild 2.9: Parametercodierung bei genetischen Optimierungsalgorithmen

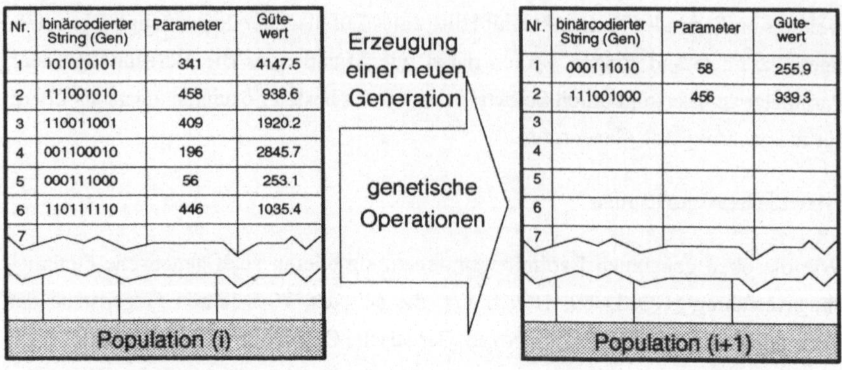

Bild 2.10: Parametervektorberechnung bei genetischen Optimierungsverfahren

Anders als bei den Evolutionsverfahren wird bei den genetischen Algorithmen zunächst eine Anfangspopulation aus willkürlich gewählten Einzelindividuen erzeugt. Diese bestehen aus einer binärcodierten Zeichenkette, die mit Hilfe eines Zufallsgenerators erzeugt wird (Bild 2.10).

Analog zur Überlebensfähigkeit des natürlichen Evolutionsprozesses wird jedem Individuum ein Gütewert zugewiesen. Hierzu wird die Binärdarstellung zunächst wieder in eine natürliche Zahl umgerechnet, die nach ihrer Skalierung als Parameterwert in die Zielfunktion eingesetzt wird. Das Ergebnis der Zielfunktion ist dann der gesuchte Gütewert. Je größer dieser ist, desto überlebensfähiger (=besser) ist die gefundene Lösung.

Die Parametervariation findet bei genetischen Algorithmen nicht durch das zufällige Bestimmen eines neuen Parameterwertes statt, sondern durch Simulation von sogenannten genetischen Operatoren [BRAU 91], wie der Rekombination, Kreuzung, Mutation und Reversion (Bild 2.11). Hierbei werden Vertreter einer Population zufallsgesteuert als Eltern herangezogen, wobei das Selektionsprinzip durch eine höhere Auswahlwahrscheinlichkeit guter Vertreter einer Population gegenüber weniger guten nachgebildet wird. Ergebnis dieses Schritts ist eine neue Population binärcodierter Zeichenstrings, denen jeweils wiederum ein Gütewert zugeordnet wird.

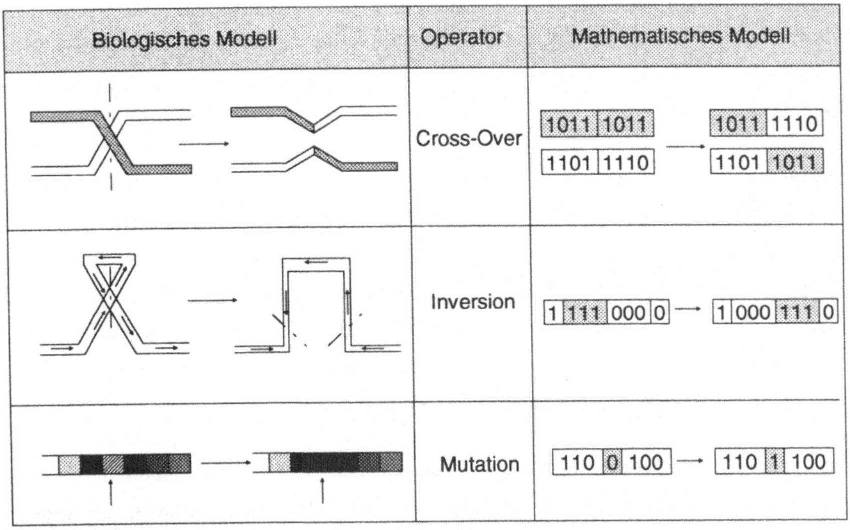

Biologisches Modell	Operator	Mathematisches Modell
	Cross-Over	1011 1011 / 1101 1110 → 1011 1110 / 1101 1011
	Inversion	1 111 000 0 → 1 000 111 0
	Mutation	110 0 100 → 110 1 100

Bild 2.11: Simulation der genetischen Operatoren

Durch die Bildung von Populationen mit mehreren zufällig erzeugten Individuen beginnt die Suche nach dem Optimum an mehreren Stellen gleichzeitig. Die Wahrscheinlichkeit, nicht sofort in lokales Optimum zu laufen wird zusätzlich durch einen Stochastikanteil der genetischen Operatoren erhöht. Als nachteilig erweist sich eine längere Rechenzeit gegenüber konventionellen Verfahren. Außerdem konvergieren genetische Optimierungsverfahren nicht direkt in einem Minimum, sondern finden einen Wertebereich, in dem dieses mit hoher Wahrscheinlichkeit liegt.

2.5 Numerische Optimierung von Modellen

Unabhängig von der spezifischen Problemstellung wird mit Hilfe der Simulation versucht, Aussagen über das Verhalten eines realen Prozesses zu machen. Durch den Einsatz von Simulationsmodellen kann dann weitgehend auf teure und zeitaufwendige Versuchsreihen und Pilotaufbauten verzichtet werden, wenn eine ausreichend genaue Modellbeschreibung in Verbindung mit einem geeigneten Simulationswerkzeug zur Verfügung steht. Ist dies der Fall, so können aufgrund von Simulationsergebnissen einzelne Modellparameter so verändert werden, daß sich ein möglichst günstiges

Modellverhalten im Sinne der Zielsetzung ergibt. Das Simulationsmodell kann also hinsichtlich unterschiedlicher Parameter optimiert werden, die sich dann auf die Realität übertragen lassen.

Die automatisierte numerische Optimierung von Modellparametern wird bereits in den verschiedensten Bereichen der Produkt- und Produktionsplanung eingesetzt. Ein Beispiel aus der Produktgestaltung ist die Optimierung der Bauteilfestigkeit mit Hilfe von Finite Elemente Methoden (FEM) in Verbindung mit numerischen Optimierungsverfahren [MIKS 91]. Im Bereich der Produktkonstruktion wurde beispielsweise ein CAD-System mit numerischen Optimierungsverfahren gekoppelt, um den Konstrukteur bei der Bauteilauslegung zu unterstützen [FIGE 88].

Im Bereich der Produktionsplanung befassen sich verschiedene Autoren mit der Optimierung des Materialflusses [SCHM 91b, TÖNS 91, THIM 92] oder der Bereitstellung von Werkzeugen für einen Fertigungsdurchlauf [REIC 92].

Zur Planung und Optimierung von Roboterbewegungen unter Berücksichtigung der Roboterdynamik und der Steuerungseigenschaften sind eine Reihe theoretischer Arbeiten erschienen, unter anderem [BEIN 90, BACK 89, KEMP 90, PFEI 87].

Aus dem Bereich der Planung und Auslegung von Produktionszellen in Verbindung mit der 3D-Simulation wurden Arbeiten zur Roboterstandortoptimierung veröffentlicht [SCHW 90, HAGE 90, WERL 90]. Aufgabenstellung hierbei war es, einen optimalen Standort des Roboters gegenüber seiner Peripherie hinsichtlich Ausführungszeiten oder zurückzulegenden Winkelsummen zu finden. Ein weiterer Beitrag [SCHW 91] befaßt sich mit der Bestimmung der optimalen Armkonfigurationen eines Roboters während der Programmausführung. Diese ergeben sich bei mehrachsigen Kinematiken aus den Mehrdeutigkeiten, eine bestimmte Roboterzielposition mit verschiedenen Achswinkelkombinationen anzufahren (vgl. Bild 2.2). In [JAME 87] wird die Optimierung eines Greifvorgangs vorgenommen, wobei die Relativanordnung zwischen Greifer und Bauteil hinsichtlich Kriterien wie Rutsch- und Kippsicherheit variiert wird.

2.6 Zusammenfassung

Zur Planung flexibler Produktionsanlagen lassen sich Simulationswerkzeuge in unterschiedlichen Detaillierungsebenen unterstützend einsetzen. Jedes Simulationswerkzeug arbeitet dabei mit Modellen, die durch bestimmte Parameter beschreibbar sind. Bei einer Planung mit Hilfe der Simulation können Modelloptimierungen ohne kostspielige Pilotaufbauten am Bildschirm durchgeführt werden. Zur automatisierten Optimierungsrechnung wurden Kopplungen zwischen numerischen Optimierungsverfahren und verschiedenen rechnergestützten Anwendungen durchgeführt, beispielsweise in Verbindung mit einem FEM-Paket oder bei der Produktionsplanung.

Zur Planung der räumliche Auslegung von Produktionszellen haben sich 3D-Robotersimulationssysteme bewährt. Allerdings ist der Planer bei der Auswahl von Standorten einzelner Komponenten einer Produktionszelle auf seine Erfahrung und Intuition angewiesen. Eine nachträgliche zielgerichtete Optimierung des Zellenaufbaus hinsichtlich verschiedener Kriterien fällt durch den indirekten Zusammenhang der Einflußparameter, zum Beispiel den Standortkoordinaten, und verschiedener Zielgrößen, wie der Taktzeit, schwer. Eine weitere Steigerung der Problemkomplexität kann sich durch zusätzliche Randbedingungen ergeben, die meist gleichzeitig und möglichst gut zu erfüllen sind. Beispiele hierfür sind das Einhalten von Sicherheitszonen oder die Kollisionsfreiheit bei der Komponentenanordnung und Programmausführung.

Ein umfassendes Planungswerkzeug, das den Planer beim Auffinden einer möglichst günstigen räumlichen Anordnung für verschiedene Komponenten einer Produktionszelle ausreichend unterstützt, steht heute noch nicht zur Verfügung. Ziel dieser Arbeit ist es, diese Lücke durch die Kombination numerischer Optimierungsverfahren mit einem 3D-Simulationssystem zu schließen.

3 Konzeption des Gesamtsystems

3.1 Zielsetzung

Bei der Auslegung einer Produktionszelle besteht die Planungsaufgabe in der Realisierung eines bestimmten Handhabungs- oder Fertigungsprozesses in einer dreidimensionalen Umgebung. Durch den Einsatz von 3D-Simulationssystemen kann in einem iterativen Wechselspiel zwischen Komponentenanordnung, Off-Line-Programmierung und Bewegungssimulation nach einer möglichst günstigen Lösung gesucht werden. Dabei handelt es sich trotz leistungsstarker Systeme um eine in der Regel zeitaufwendige Routinetätigkeit, da für jede neue Zellenkonfiguration die Bewegungsprogramme angepaßt werden müssen, um dann in der Simulation eine Verbesserung oder Verschlechterung zu verifizieren. Eine so strukturierte Aufgabenstellung läßt sich prinzipiell als Optimierungsproblem betrachten.

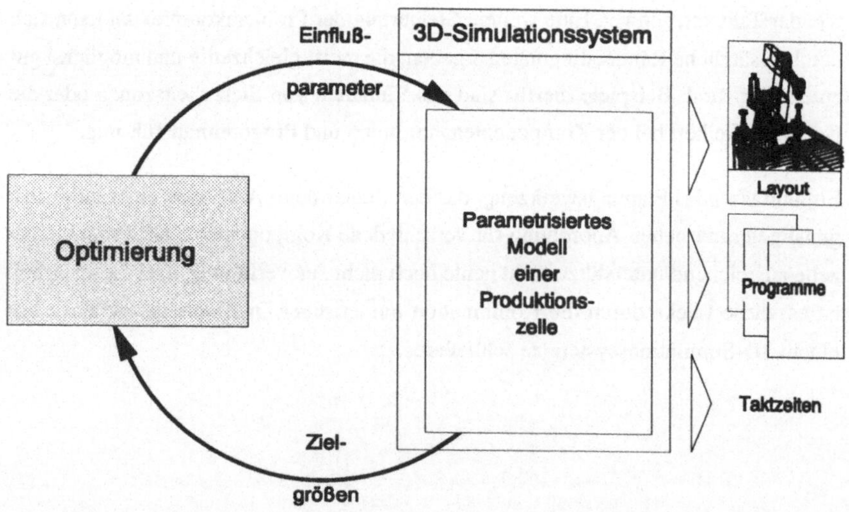

Bild 3.1: Prinzipielle Funktionsweise des Gesamtsystems

Zielsetzung dieser Arbeit ist es, dem Planer ein rechnergestützes Werkzeug zur automatisierten Optimierung der räumlichen Anordnung von Produktionszellen zur Verfügung zu stellen. In Abhängigkeit verschiedener Einflußparameter werden innerhalb des parametrisierten Modells einer Produktionszelle relevante Zielgrößen ermittelt (Bild 3.1). Die Qualität der aktuellen Lösungsvariante wird durch eine Bewertung der Zielgrößen bestimmt. Ausgehend von dieser Qualitätsbeschreibung kann die Optimierung neue Einflußparameter bestimmen, die voraussichtlich zu einer weiteren Verbesserung der Modellqualität führen.

Die Modellbeschreibung der Produktionszelle soll mit Hilfe eines 3D-Simulationssystems erfolgen. Die Optimierung besteht einerseits aus einem noch zu konzipierenden Bewertungsmodul, andererseits aus numerischen Optimierungsalgorithmen, wie sie bereits im vorangegangenen Kapitel behandelt wurden.

3.2 Aufgabenstellung bei der Zellenauslegung

3.2.1 Darstellung der Optimierungsaufgabe

Im Mittelpunkt der Auslegung von Produktionszellen steht ein durchzuführender Handhabungs- oder Fertigungsprozeß. Dieser kann in der Regel durch eine Relativbewegung zwischen verschiedenen Werkstücken beschrieben werden, die später von einem Handhabungssystem ausgeführt wird. Neben den eingesetzten Handhabungssystemen und den Produktteilen müssen Hilfseinrichtungen, wie Ablagestationen, Magazine oder Vereinzelungseinrichtungen räumlich angeordnet werden. Je nachdem, wie diese Komponenten angeordnet werden und wo bestimmte Bauteile bereitgestellt werden, kann der erforderliche Bewegungsablauf mit unterschiedlich großem Aufwand, beispielsweise an Kraft, Weg oder Zeit durchgeführt werden. Somit läßt sich die Qualität einer Produktionszelle unter anderem durch die Qualität einzelner Bewegungsabläufe zur Durchführung des Produktionsprozesses charakterisieren. Zusätzliche Bewertungskriterien ergeben sich aus gleichzeitig zu berücksichtigenden Randbedingungen, wie der Einhaltung von Sicherheitszonen oder Transportwegen.

Die Optimierungsaufgabe besteht nun darin, die relevanten Einflußparameter eines Bewegungsablaufs so zu variieren, daß unterschiedliche Zielgrößen und Randbedingungen so gut wie möglich erfüllt werden. Bei den in Frage kommenden Einflußgrößen sollen im folgenden konstruktive Veränderungen an einzelnen Zellenkomponenten ausgeklammert bleiben, vielmehr wird von einer abgeschlossenen Produkt- und Betriebsmittelkonstruktion ausgegangen.

Im folgenden sollen zwei Möglichkeiten zur Festlegung eines Bewegungsablaufs innerhalb einer komplexen dreidimensionalen Umgebung dargestellt werden. Zur Vereinfachung wird hierzu die Definition von Bewegungsabläufen am Beispiel eines Roboters durchgeführt. Auf eine Übertragbarkeit der Ergebnisse auf ein Werkermodell wird zu einem späteren Zeitpunkt eingegangen.

3.2.2 Off-Line-Programmierung

Zur Definition von Roboterbewegungen stehen innerhalb eines Simulationssystems Standardfunktionen zur sogenannten Off-Line-Programmierung zur Verfügung. Durch grafisches Identifizieren von Punkten kann eine Sollage von Zielframes vorgegeben werden. Innerhalb des Simulationssystems wird dann überprüft, ob der Roboter dieses Frame überhaupt anfahren kann. Ist dies der Fall, so wird unter Verwendung der spezifischen Befehlssyntax ein zugehöriges Bewegungskommando erzeugt. Diese Methode entspricht dem "Teach-In"-Verfahren am realen Roboter. Dabei müssen eine Vielzahl von Randbedingungen beachtet werden, die sich durch das vorherige, eher willkürliche Anordnen einzelner Komponenten ergeben. Ein ständiger Wechsel zwischen Komponentenanordnung und Bewegungsprogrammierung ist bei dieser Art der Planung typisch. Bei der Programmerstellung wird die Lage einzelner Objekte implizit mitberücksichtigt, ohne diese Informationen jedoch weiter zu nutzen. So bleibt beispielsweise bei einer Greiferentnahme aus einem Magazin die Relativbewegung zwischen Greifer und Greifermagazin stets unverändert. Da der Bewegungsablauf aber nicht realtiv zum Greifermagazin festgelegt worden ist, sondern durch eine Reihe vom Magazinstandort vollkommen unabhängiger Bewegungsbefehle, muß eine geeignete Programmanpassung erfolgen, wenn das Greifermagazin im weiteren Verlauf der Planungstätigkeiten umpositioniert wird.

3.2.3 Relative Bewegungsprogrammierung

Kennzeichnend für die beschriebene Off-Line-Programmierung ist, daß versucht wird, innerhalb einer vorher festgelegten dreidimensionalen Umgebung einen bestimmten Bewegungsablauf durchzuführen. Dreht man die Beziehung zwischen der dreidimensionalen Umgebung und der durchzuführenden Bewegung um und stellt den Bewegungsablauf in den Vordergrund, so lautet die Aufgabenstellung bei der Festlegung eines Bewegungsablaufs innerhalb einer Produktionszelle nicht mehr einen optimalen Weg in einer vorgegebenen Umgebung zu finden, sondern eine Umgebung zu finden, in der ein bestimmter Weg optimal ausgeführt werden kann. Zur Festlegung eines Bewegungsablaufs ist prinzipiell nur die Definition der Relativbewegung zwischen verschiedenen Komponenten nötig. Hierzu sind einzelne Relativlagen ($rel\_mat_{1,2,3}$) zwischen verschiedenen Objekten festzulegen (Bild 3.2), die später im Rahmen eines kontinuierlichen Bewegungsablaufs nacheinander eingenommen werden sollen.

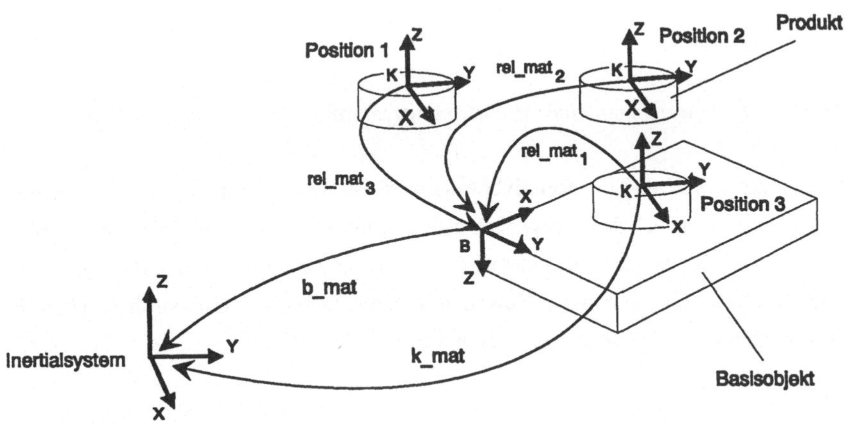

Bild 3.2: Relativanordnung von Produkt und Basisobjekt

Abhängig von der Lage des Basisobjekts (*b_mat*) kann nun die zugehörige Anordnung eines zweiten Objektes (*k_mat*) mit Hilfe der Matrizengleichung (3.1) berechnet werden (vgl. Kapitel 2.1).

(3.1) $k\_mat_{1,2,3} = rel\_mat_{1,2,3} * b\_mat$

Die Relativanordnungen und deren Abfolge wird bei Füge- oder Entnahmebewegungen in der Regel bereits durch die Konstruktion des Produkts bzw. des Betriebsmittels festgelegt. Ein komplexer Bewegungsablauf kann aus mehreren derartiger Teilbewegungen zusammengesetzt werden (Bild 3.3), wobei die Transportbewegungen zwischen zwei Füge- oder Entnahmebewegungen zunächst nicht genauer bestimmt wird.

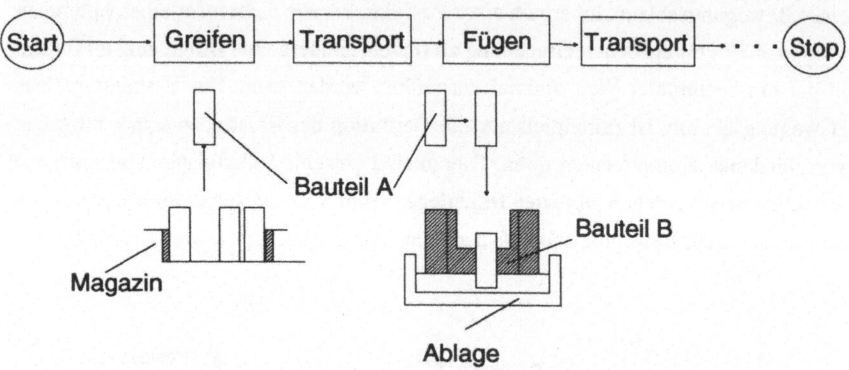

Bild 3.3: Teilbewegungen eines Handhabungsvorgangs

Durch die Festlegung der Relativbewegungen ist aber noch kein Roboterprogramm entstanden. Erst nach der Auswahl eines bestimmten Roboters und dessen Anordnung im Layout sind alle Größen bekannt, so daß aus der Lage roboterneutraler Zielframes aus Bild 3.2 roboterspezifische Bewegungsbefehle in Roboterweltkoordinaten berechnet werden können (Gleichung (3.2) und Bild 3.4).

(3.2) $trf\_mat = g\_mat * rel\_mat * b\_mat * r\_mat^{-1}$

Die Positionsmatrix *r_mat* beschreibt dabei den Roboterstandort, die Matrix *b_mat* die Anordnung der Basiskomponente. Ist auch die Relativanordnung zwischen Greifer und dem Roboter-TCP (*g_mat*) bekannt, so kann mit der roboterneutral festgelegten Sollanordnung zwischen Greifer und zu greifendem Teil (*rel_mat*) eine Transformation (*trf_mat*) errechnet werden, welche die Sollage des Roboter-TCP in Roboterweltkoordinaten beschreibt (Bild 3.4).

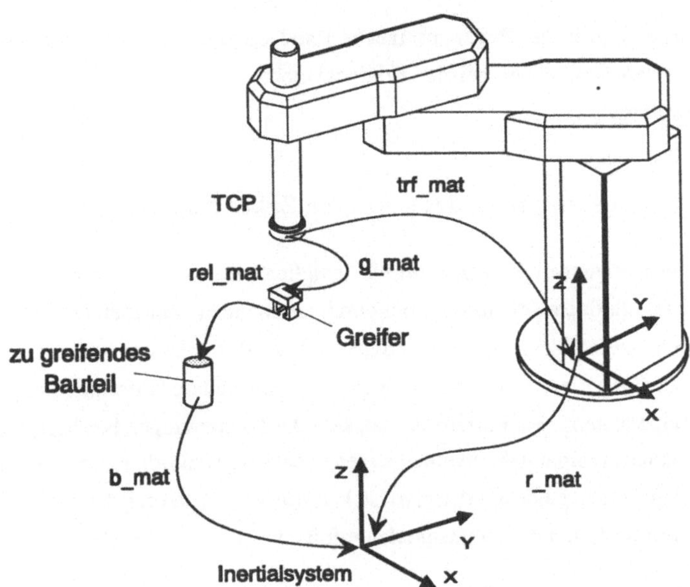

Bild 3.4: Berechnung eines roboterspezifischen Bewegungssatzes

Nach einer steuerungsspezifischen Zerlegung der Ergebnismatrix *trf_mat* in eine Positionsangabe, beispielsweise für die Unimation-Steuerung eines PUMA-Roboters nach (3.3), kann unter Berücksichtigung der eingesetzten Robotersprache ein entsprechender syntaktisch richtiger Bewegungsbefehl mit den Koordinaten *x, y, z, al, be* und *ga* generiert werden. Die Funktionen *rotx, roty* und *rotz* beschreiben dabei Rotationsmatrizen um die x-, y- und z-Achse, die Funktion *trans* einen entsprechenden Translationsanteil (nach [DENA 55]).

(3.3) $trf\_mat = rotx(al) * roty(be) * rotz(ga) * trans(x,y,z)$

Auf diese Weise läßt sich ein zunächst roboterneutral festgelegter Bewegungsablauf unter Berücksichtigung von Objektstandorten in ein spezifisches Roboterprogramm umrechnen. Ein so erzeugtes Programm besteht aus lediglich syntaktisch richtigen Bewegungsbefehlen. Eine Kontrolle der Bewegungssätze hinsichtlich Erreichbarkeit oder Achswinkelanschlägen hat noch nicht stattgefunden. Die Planungsaufgabe besteht nun darin, die Standorte der einzelnen Komponenten (*r_mat, b_mat*) solange zu variieren, bis die Bewegungssequenz fehlerfrei mit dem eingesetzten Roboter ausführbar ist. Dabei sind in der Regel zusätzliche Randbedingungen zu beachten, wie das Vermeiden von Kollisionen bei der Komponentenanordnung und der späteren Programmausführung.

3.2.4 Parametrisierung des gesamten Zellenaufbaus

Bei dem beschriebenen Vorgehen wurde lediglich die Relativanordnung zwischen Komponenten definiert, die direkt vom durchzuführenden Handhabungsvorgang betroffen sind. Diese Objekte werden in [SCHU 92] als Primärkomponenten bezeichnet. Zur Bereitstellung dieser Primärkomponenten werden weitere Hilfseinrichtungen (Sekundärkomponenten), wie Laststände, Sockel oder Palettenträger, benötigt. Während der Handhabungsvorgang durch eine Sequenz von Relativanordnungen zwischen den Primärkomponenten eindeutig definiert ist, kann die Positionierung der Sekundärkomponenten mit bestimmten Freiheitsgraden erfolgen.

Das in Bild 3.5 abgebildete flexibe Montagemodul kann beispielsweise auf der Trägerpalette beliebig in Richtung der x- und y-Achse verschoben werden und um der z-Achse verdreht werden.

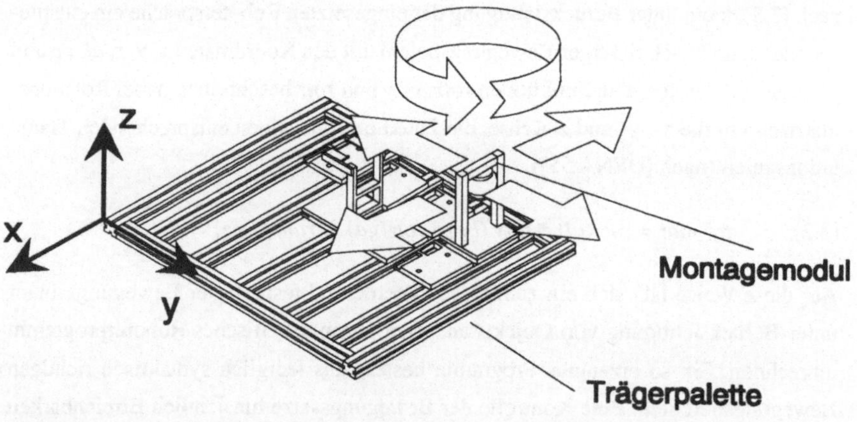

Bild 3.5: Freiheitsgrade bei der Anordnung eines Montagemoduls

Werden solche Beziehungen für alle benötigten Komponenten aufgestellt, so läßt sich mit diesen Informationen bereits eine grobe Anordnung aller betroffenen Komponenten automatisiert vornehmen. Hierzu genügen dann beispielsweise Informationen der Form "Roboter steht auf Sockel, Sockel steht auf Boden". Für eine erste Grobanordnung werden die Koordinaten innerhalb der zulässigen Grenzen mehr oder weniger zufällig gewählt. Eine entsprechende Methodik wird für Montagezellen ausführlich in [HUCK 90] vorgestellt.

Bild 3.6 zeigt vereinfacht ein solches Beispiel aus der Fertigungstechnik, bei dem mit Hilfe eines Laserstrahls ein Blech ausgeschnitten werden soll. Der Laserschneidkopf

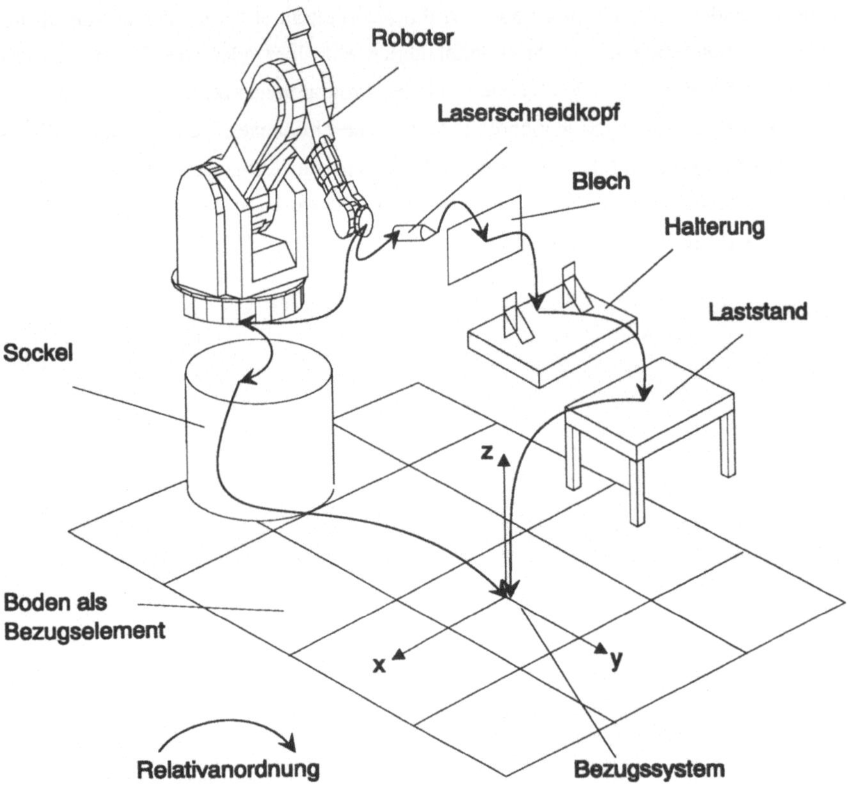

Bild 3.6: Funktionale Verknüpfung verschiedener Zellenkomponenten

und das zu bearbeitende Blech stellen dabei Primärkomponenten dar, deren möglich Relativanordnungen zuvor mittels der relativen Bewegungsprogrammierung bestimmt wurden. Alle anderen Bauteile sind Sekundärkomponenten, deren Relativanordnung im Rahmen der konstruktiv bedingten Freiheitsgarde willkürlich gewählt wurde. Ausgehend von einem so erzeugten Groblayout kann nun aus der roboterneutralen Bewegungsbeschreibungen ein roboterspezifisches Steuerprogramm erzeugt werden. Im Gegensatz zur herkömmlichen Off-Line-Programmierung geht dabei die Zuordnung der Bewegungssequenzen zu bestimmten Objektstandorten, im Beispiel aus Bild 3.6 der Ablageort des Blechs, nicht verloren.

Die entstandene Zellenkonfiguration wird im Normalfall durch Kollisionen der Komponenten untereinander, Nichterreichbarkeiten einzelner oder aller Zielframes des Roboterprogramms und Kollisionen bei der Programmausführung gekennzeichnet sein, da die Aufstellungsorte innerhalb der oben beschriebenen Freiheitsgrade willkürlich gewählt wurden. Für den Planer stellt sich nun die Aufgabe, die Standortkoordinaten im Rahmen der zulässigen Möglichkeiten so zu variieren, daß sich ein fehlerfreies ausführbares Roboterprogramm ergibt.

3.3 Das Simulationsmodell als Zielfunktion

3.3.1 Einordnung in das Gesamtkonzept

Im vorangegangenen Abschnitt wurde dargestellt, wie sich ein Handhabungsvorgang und das Layout einer Produktionszelle durch Relativanordnungen einzelner Komponenten zueinander beschreiben läßt. Die dabei verbleibenden Freiheitsgrade stellen die Einflußparameter einer noch zu definierenden Zielfunktion dar. Ergebnis einer Zielfunktion sind sogenannte Zielgrößen, welche die Grundlage der Bewertung einer Lösung darstellen.

Gelingt es ein Zellenmodell so zu parametrisieren, daß sich in Abhängigkeit verschiedener Einflußparameter automatisch relevante Zielgrößen errechnen lassen, ergibt sich ein Planungsablauf nach Bild 3.7. Der Planer schlägt zunächst, wie bei der rein

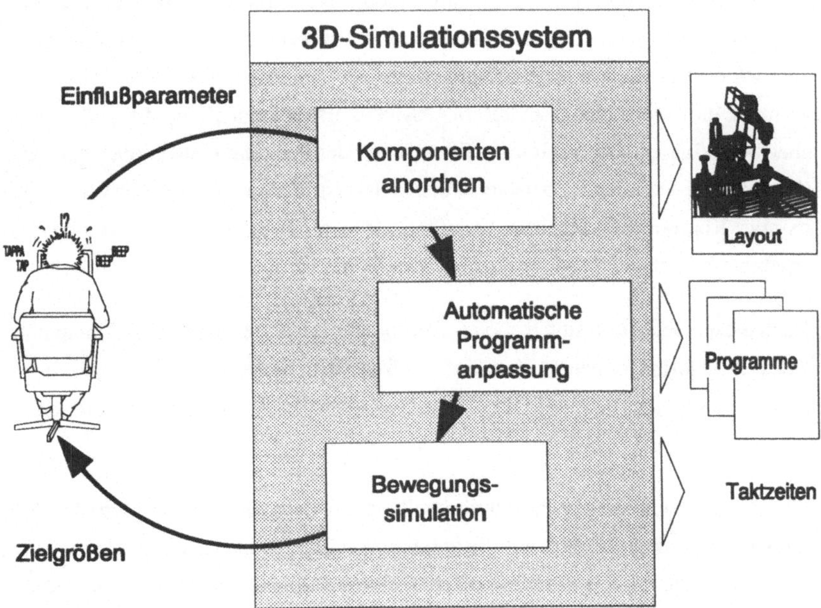

Bild 3.7: Einordnung des parametrisierten Modells in das Gesamtkonzept

interaktiven Arbeitsweise, neue Standortkoordinaten für einzelne Komponenten vor. Im Gegensatz zur manuellen Methode erfolgt die Anpassung der Bewegungsprogramme innerhalb des parametrisierten Modells ohne zusätzliche Benutzerangaben. Während der nachfolgenden Simulation des Bewegungsablaufs werden Zielgrößen, wie die Taktzeit, automatisch berechnet. Diese Ergebnisse müssen dann nach wie vor vom Planer interpretiert und bewertet werden. Auch bei der Bestimmung neuer Parameter, die zu einer weiteren Verbesserung der Ergebnisse führen sollen, ist der Planer auf seine Erfahrung und Intuition angewiesen.

3.3.2 Einteilung von Zellenkomponenten

Als Bewertungsgrundlage verschiedener Lösungsvarianten lassen sich Zielgrößen heranziehen, die sich durch das Ausführen der Bewegungsprogramme ergeben. Im Sinne der Optimierung können die einzelnen Zellenkomponenten dementsprechend in aktive und passive Objekte eingeteilt werden. Nach dieser Einteilung sind **aktive Objekte** Komponenten, die aktiv am Produktionsprozeß mitwirken und somit bewertbare Zielgrößen liefern, wie beispielsweise die Ausführungszeit eines Roboterprogramms. Im Unterschied dazu liefern **passive Objekte** keine Zielgrößen, können diese aber beeinflussen. Die Zielgröße Taktzeit bei der Programmausführung der aktiven Komponente Roboter ist beispielsweise abhängig davon, wo ein Bauteil durch die passive Komponente Magazin bereitgestellt wird. Je nach Standort des Magazins ergeben sich entsprechend unterschiedliche Werte für die betrachteten Zielgrößen.

Nach dieser Definition sind Roboter, Werker aber auch Sensoren aktive Komponenten eines Produktionssystems. Vertreter passiver Komponenten sind Peripherie- oder Hilfseinrichtungen, wie Greifer, Magazine oder Vereinzelungsvorrichtungen (Bild 3.8).

Dabei lassen sich in einer Produktionszelle in der Regel auch passive Objekte finden, die keinen direkten Einfluß auf die betrachteten Zielgrößen haben, da sie nicht direkt von einem Roboter angefahren werden. Derartige Objekte beeinflussen die räumliche Gestaltung des Layouts und den Bewegungsablauf indirekt. Ein Beispiel hierfür ist die Forderung nach Kollisionsfreiheit bei der Programmausführung und Anordnung.

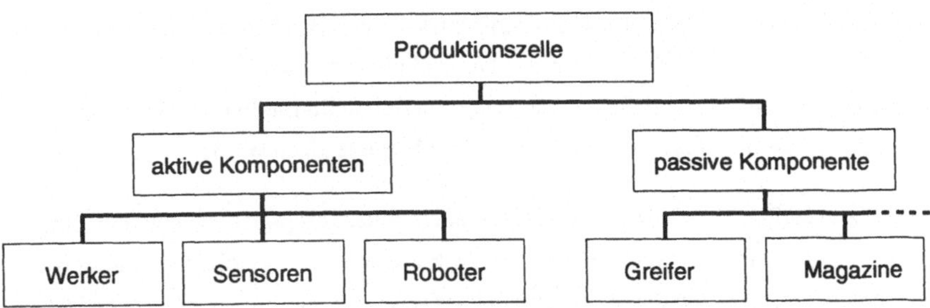

Bild 3.8: Einteilung der Komponenten einer Produktionszelle

Bei den bisherigen Beispielen wurden **Industrieroboter** zur Bewegungsdurchführung innerhalb der Produktionszelle vorausgesetzt. Handhabungsaufgaben werden heute aber auch in großem Umfang manuell durchgeführt. Der Bewegungsablauf für eine Handhabungsaufgabe wird dem **Werker** durch einen Arbeitsplan, beispielsweise eine Montageanleitung, vorgegeben. Die Beurteilung der Qualität eines manuellen Arbeitsplatzes erfolgt, analog zum Roboterarbeitsplatz, anhand von Kriterien, die sich während der Bewegungsausführung ergeben. Dabei steht nicht nur die Ausführungszeit oder die Festlegung des Bewegungsablaufs im Vordergrund, sondern hier sollen auch ergonomische Aspekte untersucht und optimiert werden.

Auch bei der Anordnung flexibler **Sensoren** in automatisierten Produktionszellen lassen sich unterschiedlich günstige Lösungen finden. Analog zur Bewertung von Bewegungsabläufen können aus überwachenden Messungen Zielgrößen gewonnen werden, die Aussagen über die Qualität eines Meßvorgangs erlauben. Sieht man von elementaren Sensortypen, wie taktilen Sensoren ab, stellt die Anordnung komplexerer programmierbarer Sensoren, beispielsweise von Lasersensoren [KARS 90] oder Laserscannern [WELL 91] deutlich höhere Anforderungen an den Planer. Je nach Lage der zu überwachenden Positionen können abhängig vom Anbringungsort des Sensors unterschiedlich gute Erkennungsbedingungen erreicht werden.

Über die direkte Zuordnung zwischen einzelnen Objekten und einem Bewegungsablauf hinaus, kann auch ein **Fertigungsprozeß** selbst Gegenstand der Planung und Optimierung sein. Dabei müssen für verschiedene Fertigungstechnologien spezifische Prozeßparameter eingehalten werden, um die gewünschte Prozeßgüte zu erreichen. So muß beim automatisierten Lackieren mit einem Roboter stets der gleiche Abstand zwischen Farbpistole und Blech eingehalten und gleichzeitig die Verfahrgeschwindigkeit konstant gehalten werden. Als Zielkriterium für die Beurteilung der Prozeßqualität kann die Dicke der aufgetragenen Lackschicht herangezogen werden.

Innerhalb der 3D-Simulation sind die genannten Zellenkomponenten, wie Industrieroboter, Werker, Sensoren und Peripherieeinrichtungen so zu modellieren, daß sich aus verschiedenen Einflußparametern automatisch relevante Zielgrößen berechnen lassen. Ein analoges Vorgehen ist für die zu optimierenden Fertigungsprozesse durchzuführen. Eine geeignete Modellierung ist Gegenstand des Kapitels 4.

3.3.3 Berücksichtigung von Randbedingungen

Die räumlichen Anordnung von Zellenkomponenten unterliegt in der Regel verschiedenen Randbedingungen. Ein an sich selbstverständliches Auslegungskriterium stellt die **Kollisionsfreiheit** bei der Objektanordnung und der späteren Programmausführung dar. Für eine Parametrisierung reicht die reine Kollisionserkennung nicht aus, vielmehr sind hier als Bewertungsgrundlage qualitative Aussagen über die Kollision erforderlich.

Bedingt durch bauliche Gegebenheiten müssen beim Aufbau einer Produktionszelle weitere Randbedingungen eingehalten werden, wie sie sich beispielsweise aus notwendigen Freiräumen für Deckenträger, Energieversorgungen oder Fahrwegen ergeben. Die Einhaltung dieser räumlichen **Restriktionen** läßt sich durch Vorgabe von Suchräumen realisieren, die den zulässigen Parameterbereich einschränken. So ist zum Beispiel bei einer Roboterstandortoptimierung für bestimmte Typen nur eine Boden- oder Deckenmontage möglich, um die Schmierung der Gelenke aufrecht zu erhalten.

3.4 Bewertung von Lösungsvarianten

3.4.1 Einordnung in das Gesamtkonzept

Die Bewertung einer Lösungsvariante erfolgt mit der konventionellen 3D-Simulation durch die Bewegungssimulation der off-line erstellten Steuerungsprogramme. Aus dem visuellen Gesamteindruck, der rechnerischen Kollisionserkennung und der parallel ermittelten Taktzeit bildet sich der Planer ein subjektives Urteil über die Qualität der untersuchten Lösungsvariante. Für eine automatisierte Layoutoptimierung ist eine objektive Bewertung der in Frage kommenden Zielgrößen notwendig. Hierzu sind diese zunächst einzeln zu erfassen, aufgabenspezifisch zu bewerten und schließlich zu einer Kennzahl für die Gütebeschreibung zusammenzufassen. Jedem Satz Einflußparameter kann somit eine eindeutige Kennzahl zugeordnet werden, die im folgenden als Gütewert bezeichnet wird (Bild 3.9).

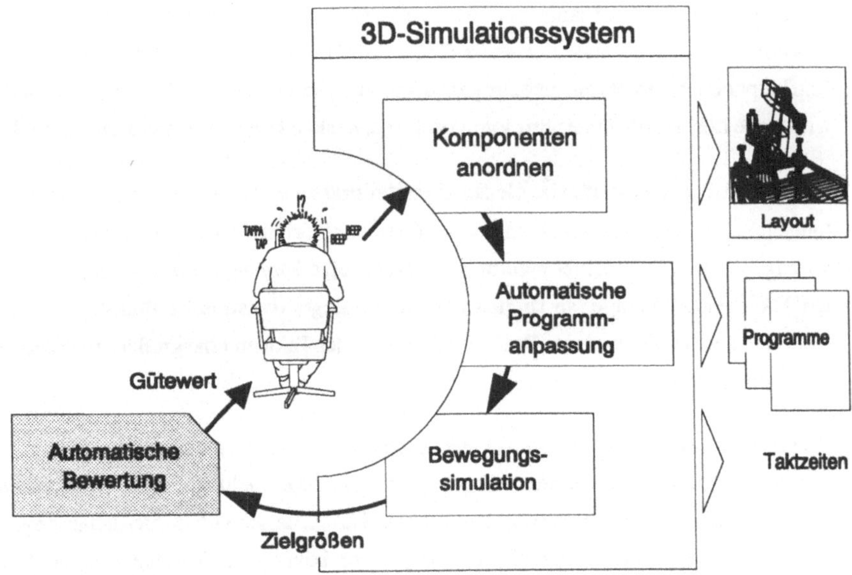

Bild 3.9: Einordnung der Bewertungsverfahren in das Gesamtkonzept

Durch die Einführung einer automatisierten Bewertung der errechneten Zielgrößen bleibt dem Planer die Interpretation und Gewichtung der Zielgrößen erspart. Anstelle dessen kann er anhand eines Gütewertes erkennen, ob die letzte Parameteränderung erfolgreich war oder nicht. Bei der Auswahl eines neuen Parametersatzes ist der Planer aber noch immer auf seine Intuition und Erfahrung angewiesen.

3.4.2 Bewertung von Zielgrößen

Eine gleichzeitige Erfassung mehrerer, sich meistens widersprechender Zielgrößen ist im allgemeinen sehr schwierig und wird bei einer intuitiven, subjektiven Vorgehensweise in der Regel von Lösungsvariante zu Lösungsvariante mit unterschiedlicher Gewichtung durchgeführt. Dadurch ist unter anderem nicht sichergestellt, daß das mehrfache Auftreten identischer Lösungen jedesmal gleich bewertet wird, oder daß eine Verbesserung auch wirklich als eine solche erkannt wird. Auf Basis der subjektiven Beurteilung wird die Lösungsvariante im weiteren Planungsverlauf solange modifiziert, bis eine für den Planer zufriedenstellende Lösung gefunden worden ist. Die objektive Bewertung gewährleistet im Gegensatz dazu, daß aus einen bestimmten Satz Einflußparametern stets ein eindeutiger, jederzeit reproduzierbarer Gütewert berechnet wird. Jede Lösungsvariante wird somit nach dem exakt gleichen Wertmaßstab beurteilt.

Um eine **aufgabenspezifische Gesamtbeurteilung** zu ermöglichen, muß die Bedeutung einzelner Kriterien vom Planer individuell vor Beginn der Optimierungsrechnung vorzugeben sein. Betrachtet man beispielsweise eine Montagezelle aus dem Bereich der Kleingerätemontage, so spielen hier in der Regel dynamische Belastungen des Roboters eine untergeordnete Rolle, wohingegen der Taktzeit eine größere Bedeutung zukommen wird.

Da in der Regel mehrere, meistens konkurrierende Zielgrößen gleichzeitig zu optimieren sind, sind bei der automatisierten Bewertung Möglichkeiten zur **simultanen Verarbeitung** mehrerer Kriterien vorzusehen. Um Kriterien unterschiedlicher physikalischer Dimension gleichzeitig verarbeiten zu können, muß darüberhinaus eine **Normierung** durchgeführt werden.

3.4.3 Bewertung von Restriktionsverletzungen

Durch eine variable Bewertung läßt sich das Ergebnis der Gütefunktion von einzelnen Zielgrößen unterschiedlich stark beeinflussen. Bei einer automatisierten Parametervariation durch ein Optimierungsverfahren können durchaus Parameter vorgeschlagen werden, die zu ungültigen Lösungsvarianten führen. Beispielsweise sind nicht mehr alle Zielframes erreichbar oder während der Bewegung treten Kollisionen auf. Damit ist eine Durchführung der gestellten Aufgabe nicht mehr möglich, die Lösung kann im Sinne der Aufgabenstellung verworfen werden. Um hier eine gewisse Unabhängigkeit bezüglich der einzusetzenden Verfahren zu erreichen, lassen sich derartige begrenzte Optimierungsprobleme durch die Einführung sogenannter Straffunktionen in unbegrenzte umwandeln [DIES 88, PRES 87] (Bild 3.10).

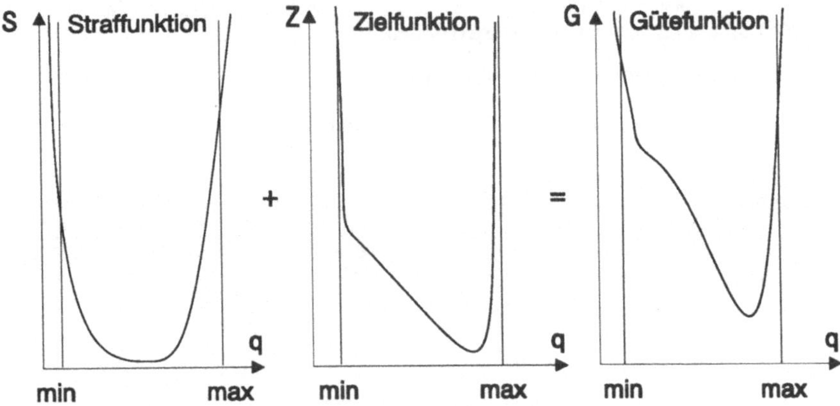

Bild 3.10: Definition von Straffunktionen nach [DIES 88]

Der Verlauf der Straffunktion steigt an den jeweiligen Gültigkeitsgrenzen eines Intervalls im Vergleich zu den schlechtest gültigen Ergebnissen überproportional an. Mit dieser Methode wird in der Gütefunktion ein ausgeprägtes "Funktionstal" erzeugt, in das die eingesetzten Verfahren dann schnell wieder zurückfinden können. Ein Nachteil dieser Methode entsteht dann, wenn sich das gesuchte Optimum genau an der Intervallgrenze befindet. Durch die Überlagerung einer Straffunktion kann dieses Optimum nicht erkannt werden, da in diesem Bereich bereits ein starker Anstieg der Straffunktion erfolgt. Das Verfahren der proportionalen Straftermermittlung kann sowohl für die

Bewertung von Restriktionsverletzungen bei Zielgrößen, als auch bei der Überschreitung vorgegebener Parametergrenzen oder bei der Verletzung von Randbedingungen, wie der Kollision, eingesetzt werden. Der Verlauf einzelner Straffunktionen soll vom Planer individuell definierbar sein. Für jede Zielgröße ist die Möglichkeit einer entsprechenden Bewertungsfunktion vorzusehen.

3.4.4 Berechnung des Gesamtgütewertes

In die Gesamtbewertung einer Lösungsvariante fließt im allgemeinen die Güte unterschiedlicher, sich möglicherweise sogar widersprechender Einzelgesichtspunkte ein. Der Gesamtgütewert ergibt sich dementsprechend aus der Summation aller Einzelbewertungen. Diese setzen sich jeweils aus

- der Einhaltung von Parameterrestriktionen,
- der Bewertung einzelner Zielgrößen und
- der Einhaltung von Restriktionen der Zielgrößen

zusammen.

3.5 Auswahl geeigneter Optimierungsverfahren

3.5.1 Einordnung in das Gesamtkonzept

Mit Hilfe des parametrisierten Modells einer Produktionszelle und einer automatisierten Bewertung verschiedener Lösungsvarianten, läßt sich eine Gütefunktion nach (3.4) definieren.

$$G = f(\, x_1, x_2, x_3, \ldots\ldots, x_n \,) \tag{3.4}$$

Die x_i repräsentieren dabei die einzelnen Einflußparameter verschiedener Zellenkomponenten, beispielsweise Standortkoordinaten. Bei der interaktiven Optimierung einer Produktionszelle besteht die Aufgabe des Planers darin, eine Parameterkombination zu finden, für die der Wert G möglichst klein wird. Parameteroptimierungsverfahren entsprechen diesem Vorgehen. Sie versuchen aufgrund zurückliegender Parameter-

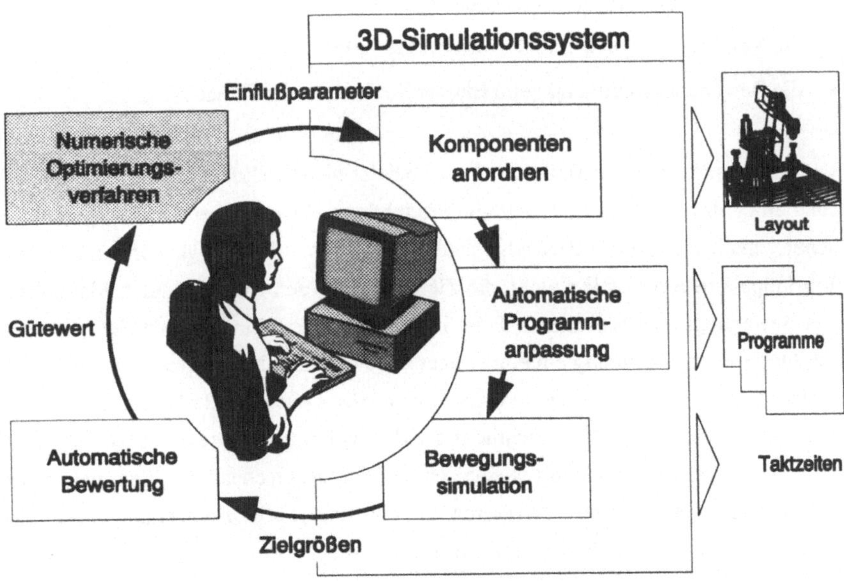

Bild 3.11: Einordnung der Optimierungsverfahren in das Gesamtkonzept

wert- und zugehöriger Gütewertänderung eine Voraussage für den nächsten Parametersatz zu treffen, der wahrscheinlich zu einer weiteren Gütewertverbesserung führen wird (Bild 3.11).

Durch die Einführung geeigneter numerischer Optimierungsverfahren kann die Optimierung eines Zellenlayouts vollautomatisch erfolgen. Der Planer muß während der Optimierungsrechnung keinerlei grafisch-interaktive Eingaben mehr durchführen.

3.5.2 Verfahrensauswahl

Zielsetzung dieses Abschnitts ist es, geeignete Optimierungsverfahren für verschiedene Aufgabenstellung aus dem Bereich der Planung von Produktionssystemen auszuwählen und deren prinzipielle Einbindung in das Gesamtssystem vorzunehmen. Diese Aufgaben sind im wesentlichen

- die Variation von Standortkoordinaten unterschiedlicher Komponenten,
- das Vertauschen von verschiedenen Objektstandorten,
- die Variation der Lage einzelner Zielframes und
- die Bewegungszuordnung beim Einsatz kooperierender Roboter.

Die zu optimierende Gütefunktion *G* wird bei der hier beschriebenen Layoutoptimierung durch das Simulationsmodell von Produktionszellen repräsentiert. Ein geschlossener mathematischer Zusammenhang zwischen dem Gütewert und den Einflußparametern existiert nicht, die Zielgrößen werden vielmehr durch Simulation des Bewegungsablaufs ermittelt. Jeder Parameterwertkombination läßt sich während der Optimierungsrechnung ein eindeutiger Gütewert zuordnen, Totzeitverhalten oder andere zeitliche Veränderungen kommen nicht vor. Durch die Berücksichtigung von Kollisionen oder dem Einsatz mehrachsiger Handhabungssysteme ist die Gütefunktion durch starke Nichtlinearitäten gekennzeichnet. Dementsprechend scheiden analytische Optimierungsverfahren oder Verfahren, die eine analytische Berechnung eines Gradienten benötigen, aus der weiteren Betrachtung aus.

3.5.2.1 Variation von Standortkoordinaten

Für die Optimierung von Funktionen der Form (3.4) lassen sich Parameteroptimierungsverfahren, die zu Gruppe der **direkten Suchverfahren** gehören, einsetzen. Die Zielfunktion ist abhängig von *n* verschiedenen Parametern, die innerhalb bestimmter Grenzen variiert werden können. Zur Bestimmung eines neuen Parametervektors, für den dann eine Verbesserung des Gütewertes erwartet wird, ist weder eine detaillierte Kenntnis der Zielfunktion, noch die Kenntnis des Gradienten an einem bestimmten Punkt, notwendig. Kennzeichen dieser Verfahren ist ein iteratives Herantasten an die optimale Lösung, wobei die Suchrichtung durch die Berechnung einer begrenzten Anzahl von Gütewerten in der näheren Umgebung des betrachteten Testpunktes erfolgt. Typische Vertreter dieser in vielen Anwendungsbeispielen erprobten Verfahren wurden in Abschnitt 2.4.3.1 genannt. Für die Standortvariation von Zellenkomponenten mit akzeptablen Antwortzeiten lassen sich daher Verfahren, wie das *Powell-*, *Hooke-Jeeves-*, *Extrem-*, *Globex-* oder das *Downhill-Simplex-Verfahren* einsetzen. Sie haben dabei konzeptionell den Nachteil, den Suchraum nicht großflächig abzusuchen, sondern einem Weg in ein meist lokales "Funktionstal" zu folgen. Das Auffinden des absoluten Minimums im betrachteten Parametersuchraum ist daher nicht sichergestellt.

Gradientenverfahren mit numerischer Berechnung des Gradienten in der Umgebung des Testpunktes wurden in Abschnitt 2.4.3.2 erwähnt. Gegenüber den direkten Verfahren ist hier ein bedeutend höherer Rechenaufwand nötig und somit auch mit einer längeren Antwortzeit zu rechnen. Gradientenverfahren arbeiten dann stabil, wenn die Gütefunktion zumindest bereichsweise linear verläuft. Durch das mögliche Auftreten von starken Gütewertschwankungen durch Restriktionsverletzungen ist diese Voraussetzung bei der Anordnungsoptimierung von Zellenkomponenten nicht immer gegeben. Aus diesem Grund wird zunächst auf eine Implementierung verzichtet.

Verfahren zufälliger Suche bauen einen Parametervektor unter Einbeziehung stochastischer Berechnungsmethoden auf. Dadurch wird nicht nur die unmittelbare Umgebung des momentanen Testpunktes untersucht, sondern auch zufällig ermittelte Punkte, die ganz woanders im Suchraum liegen. Dieser Vorteil für die Suche nach dem globalen Extremwert wird durch einen deutlich erhöhten Rechenaufwand und eine langsamere Konvergenz erkauft. Um ein grobes Absuchen des Parameterraums zu ermöglichen, sollen hier einige einfache Verfahren, wie die *Monte-Carlo-Methode* oder die *kriechenden Zufallssuche*, zum Einsatz kommen. Zusätzlich zu rein stochastischen Verfahren sind verschiedene *Evolutionsstrategien* geeignet, da sie ein strategisches Vorgehen, wie die direkten Verfahren, mit einem Stochastikanteil verknüpfen.

Auch **genetische Optimierungsverfahren** versuchen den Evolutionsprozeß auf dem Rechner nachzubilden. Da diese Verfahren an mehreren Stellen gleichzeitig mit der Suche beginnen und sich durch eine hohe Robustheit hinsichtlich Nichtlinearitäten auszeichnen, ist beim Einsatz dieser Verfahren eine hohe Wahrscheinlichkeit gegeben, das globale Optimum oder zumindest dessen Nähe zu finden (vgl. Abschnitt 2.4.3.3). Beispielhaft für diese Verfahrensklasse soll hier ein einfacher Algorithmus nach [GOLD 89] implementiert werden.

3.5.2.2 Vertauschen von Standortangaben

Allen vorangegangenen Methoden ist die Veränderung der Standortangaben selbst gemeinsam. In einigen Fällen der Produktionstechnik sind aber bereits konkrete Standortkoordinaten einzuhalten. Bild 3.12 zeigt beispielsweise eine Palette mit Standardschnittstellen für unterschiedliche Vorrichtungen, die alle die gleichen genormten Anschlüsse für Strom- und Druckluftanschlüsse aufweisen. Je nach Montageauftrag müssen unterschiedlich viele Komponenten auf die Palette gerüstet werden. Dabei können die einzelnen Steckplätze für die zu rüstenden Komponenten frei gewählt werden. Bei dieser Problemstellung handelt es sich um ein typisches Raumzuordnungsproblem. Zur Bestimmung der optimalen Konfiguration lassen sich unterschiedliche *Permutationsverfahren* einsetzen.

Neben einer konkreten Vorgabe bestimmter Standorte durch definierte Ablageflächen können auch beliebig angeordnete Komponenten einer Zelle zunächst solange hinsichtlich ihrer Standorte vertauscht werden, bis eine möglichst günstige Ausgangsvariante für die Produktionszelle gefunden worden ist. Ausgehend von dieser Lösung können dann die bereits beschriebenen Verfahren zur Variation der Standortkoordinaten eingesetzt werden.

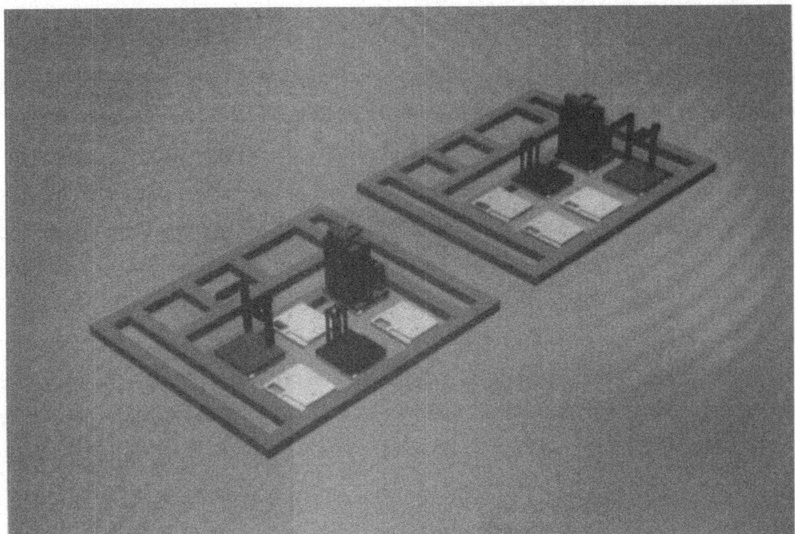

Bild 3.12: Verschiedene Komponentenanordnungen auf einer flexiblen Trägerpalette

3.5.2.3 Variation des Bewegungsablaufs

Der Bewegungsablauf wird innerhalb der Simulation durch ein Bewegungsprogramm vorgegeben. Neben Bewegungssequenzen, die direkt vom Standort einzelner Komponenten abhängen, müssen für längere Transportbewegungen in der Regel Stützpunkte programmiert werden, um Kollisionen des Roboterarms mit seiner Umgebung zu vermeiden. Die Lage der Stützpunktframes kann analog zu Objektstandorten mit Hilfe der bisher genannten Optimierungsverfahren erfolgen.

Beim Einsatz kooperierender Roboter besteht die Möglichkeit, eine Relativbewegung zwischen Werkzeug und Werkstück durch jeweils einen der beiden Roboter durchführen zu lassen. Dementsprechend kann die Qualität eines Bewegungsablaufs durch die Wahl einer mehr oder weniger günstigen Bewegungszuordnung verbessert werden. Um hier wirklich das Optimum zu ermitteln, müssen prinzipiell alle möglichen Kombinationen, beispielsweise mit Hilfe eines *Permutationsverfahrens*, berechnet werden. Neben dieser sehr rechenzeitaufwendigen Methode lassen sich hierzu auch **genetische Optimierungsverfahren** mit den bereits erwähnten Vorteilen einsetzen.

3.6 Das Gesamtkonzept

Die räumliche Anordnung von Komponenten innerhalb einer Produktionszelle läßt sich als Optimierungsproblem darstellen. Die Einflußparameter werden dabei im wesentlichen durch die Standortkoordinaten repräsentiert. Die Zielgrößen ergeben sich einerseits aus der unterschiedlich günstigen Einhaltung von Randbedingungen, andererseits aus den Ergebnissen für verschiedene Zielgrößen. Mit Hilfe der automatisierten Bewertung kann jeder Lösung ein objektiver Gütewert zugewiesen werden, der sich aus einem für alle Lösungsvarianten eines Optimierungslaufs identischen Bewertungsmaßstab ergibt. Auf Basis des aktuellen Gütewertes und der zurückliegenden Parameterwertänderungen sind numerische Optimierungsverfahren in der Lage, eine zielgerichtete Parametervariation durchzuführen. Bild 3.13 zeigt das entsprechende Konzept, bestehend aus einem 3D-Simulationssystem und einer Optimierungsumgebung, die verschiedene numerische Optimierungsverfahren und einen Bewertungsmodul enthält.

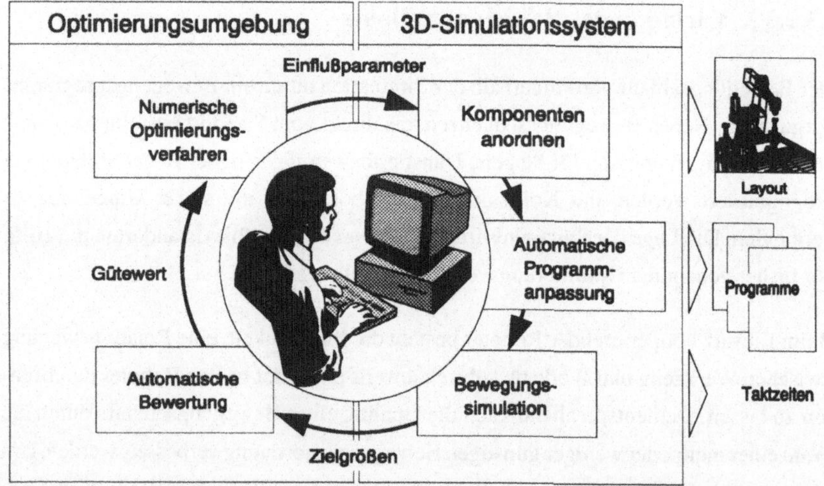

Bild 3.13: Darstellung des Gesamtkonzepts

4 Parametrisierung des Zellenmodells

4.1 Zielsetzung

Mit Hilfe eines parametrisierten Modells sollen sich auslegungsrelevante Zielgrößen in Abhängigkeit von Einflußparametern berechnen lassen. Einflußparameter und Zielgrößen müssen dementsprechend durch eine Rechenvorschrift miteinander verknüpft werden. Da im Falle des Modells einer Produktionszelle keine allgemeingültige Rechenvorschrift existiert, soll hierfür die Modellbeschreibung eines 3D-Simulationssystems verwendet werden. In Bild 4.1 sind die wichtigsten Gruppen aktiver Komponenten des Modells einer Produktionszelle, nämlich Industrieroboter, Werker und Sensoren, dargestellt. Darüberhinaus können auch Fertigungsprozesse durch pro-

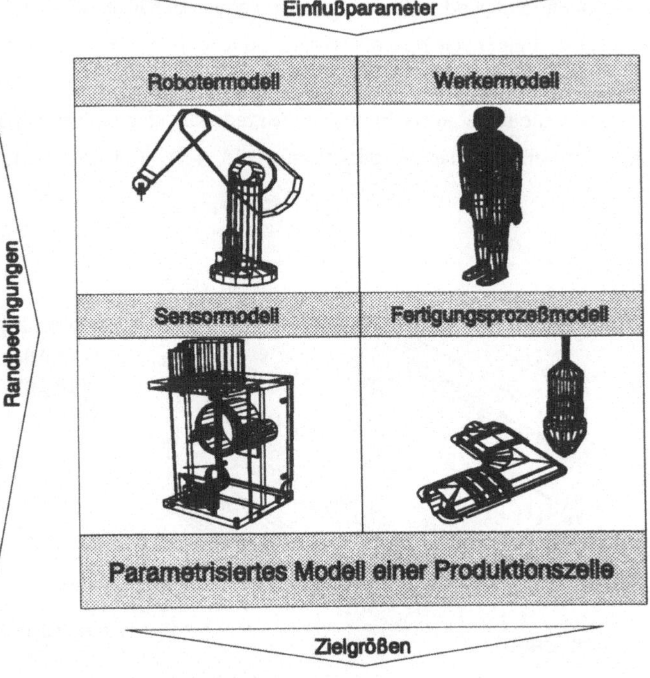

Bild 4.1: Modell einer Produktionszelle als Zielfunktion

zeßspezifische Einflußparameter und Zielkriterien beschrieben und bewertet werden. Zusätzlich zu diesen Größen müssen alle relevanten Randbedingungen so modelliert werden, daß sich deren Einhaltung quantifizieren läßt.

4.2 Parametrisierung allgemeiner Randbedingungen

4.2.1 Einhaltung von Suchräumen

Die Vorgabe von Suchräumen ist immer dann angebracht, wenn nur ein bestimmter Lösungsraum für die betrachteten Parameter in Frage kommt oder einzelne Parameter ganz aus der Variationsrechnung ausgeklammert werden müssen. Bei der Anordnung des in Bild 4.2 dargestellten Greiferbahnhofs auf einer Trägerplatte sind beispielsweise nur Translationen in x-, und y-Richtung entsprechend der Kantenlänge der Trägerpalette erlaubt. Der Planer hat hier die Möglichkeit, eine zusätzliche Verschiebung in z-Richtung zulassen, falls entsprechende konstruktive Hilfseinrichtungen zur Verfügung stehen. Für die translatorischen Freiheitsgrade läßt sich der Suchraum beispielsweise in Form eines Quaders darstellen (Bild 4.2). Bei der Verletzung einer

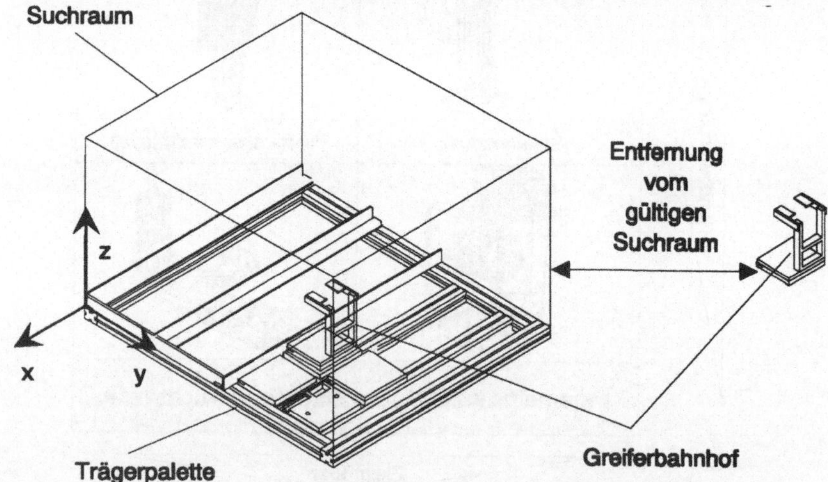

Bild 4.2: Vorgabe eines Suchraums auf einer flexiblen Trägerpalette

Suchraumvorgabe reicht die binäre Information darüber nicht aus. Vielmehr müssen hier qualitative Informationen über diese Restriktionsverletzung zur Verfügung gestellt werden, beispielsweise der Abstand zum gültigen Parameterbereich.

4.2.2 Definition von Sperrzonen

Durch die Umkehrung der Suchraumdefinition lassen sich auch Zonen bestimmen, in denen keine Objekte positioniert werden dürfen. Diese Zonen können nicht mehr speziell einem Objekt zugeordnet werden, sondern sind grundsätzlich von allen Komponenten einer Produktionszelle zu meiden. Beispiele hierfür sind Fahrwege für fahrerlose Transportfahrzeuge oder Hallenbegrenzungen. Da die Sperrzonen prinzipiell eine Einschränkung des zulässigen Lösungsraums darstellen, muß auch hier innerhalb des parametrisierten Modells eine qualitative Aussage über den Grad einer eventuellen Restriktionsverletzung erfolgen können. Ein bewertbares Kriterium stellt beispielsweise die Eindringtiefe in die Sperrzone dar.

4.2.3 Kollisionsfreiheit

Suchräume und Sperrzonen werden zweckmäßiger Weise dann vorgegeben, wenn einzelne Komponenten in einem bestimmten Bereich angeordnet werden sollen oder nicht angeordnet werden dürfen. Sind derartige Anforderungen nicht gegeben, stellt die Kollisionsfreiheit die zentrale Randbedingung dar. Sowohl bei der Anordnung der einzelnen Komponenten, als auch bei der späteren Ausführung von Bewegungsprogrammen dürfen keine Kollisionen auftreten. Auch für dieses Kriterium reicht die Kollisionserkennung alleine nicht aus. Der Grad der Kollision kann beispielsweise anhand eines Kollisionswertes erfolgen, der umso größer ist, je schwerwiegender die Kollision ausfällt (Bild 4.3). Abhängig von der zugrundeliegenden Geometriebeschreibung sind hierfür folgende Kriterien denkbar:

- das Durchdringungsvolumen zweier Körper,
- die sich durchdringende Oberfläche zweier Körper oder
- die Zahl der geschnittenen Flächen bei Facettenmodellen.

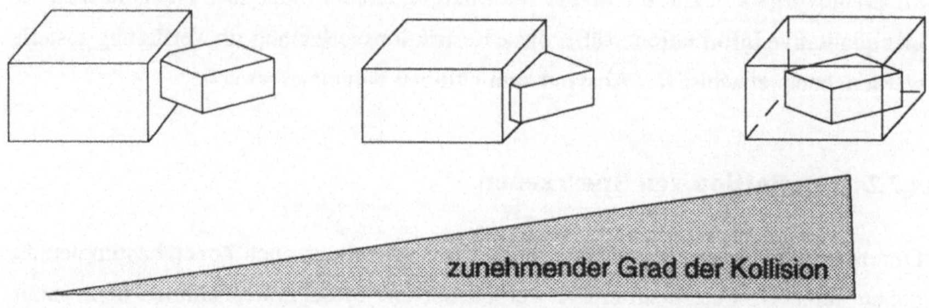

Bild 4.3: Unterschiedlich starke Kollisionen zwischen zwei Geometrieobjekten

Dabei ist das letztgenannte Kriterium nur dann sinnvoll, wenn die Objekte aus etwa gleich großen Flächen aufgebaut sind. In die Berechnung des Kollisionswertes ist zusätzlich der relative Abstand der Objekte zueinander einzurechnen. Zur Verdeutlichung sind in Bild 4.4 drei Relativanordnungen zweier geometrischer Objekte dargestellt. Nach obiger Berechnung wird sowohl für Standort A, als auch für Standort B exakt der gleiche Kollisionswert ermittelt, da das Schnittvolumen, die sich durchdringende Oberfläche und die Anzahl der geschnittenen Flächen exakt gleich ist. Für das Kollisionskriterium ergibt sich demzufolge in beiden Fällen die gleiche Qualität, obwohl der Standort B gegenüber dem Standort A besser zu beurteilen ist, da er näher am Bauteilrand liegt.

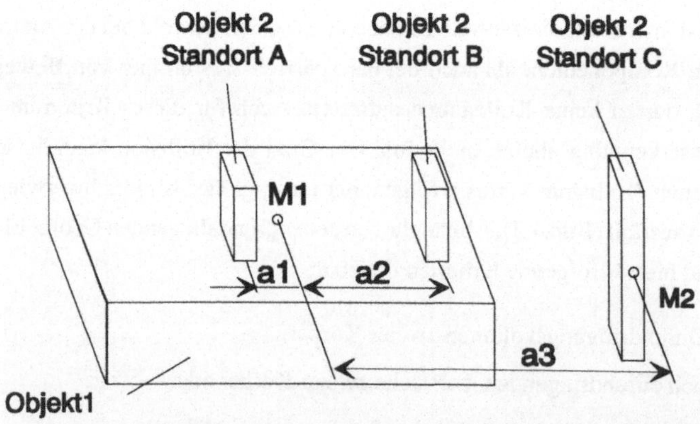

Bild 4.4: Unterschiedliche Kollisionsmöglichkeiten bei gleicher Bewertung

Berücksichtigt man die Entfernung zwischen zwei Objekten nicht nur dann, wenn wirklich eine Kollision auftritt, sondern schon bei einer Annäherung zweier Objekte, so läßt sich bereits vor Auftreten einer Kollision eine Aussage über die Kollisionsgefahr machen (Bild 4.5). Die Kollisionsgefahr steigt mit sinkendem Abstand a zu dem betrachteten Objekt an. Schneiden sich die umhüllenden Körper nicht, so besteht weder Kollision noch Kollisionsgefahr. Der Abstand a ist größer als die Summe der beiden Radien R_1 und R_2 und der Kollisionswert wird mit Null belegt. Erst wenn diese Bedingung nicht mehr erfüllt ist, ist eine genauere Betrachtung der Objektlagen zueinander notwendig.

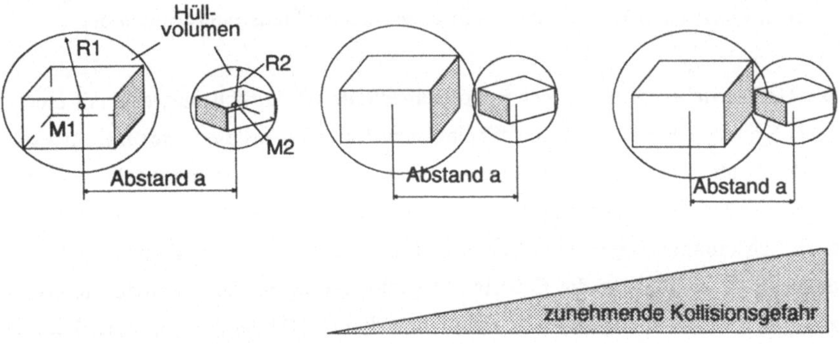

Bild 4.5: Bewertung der Kollisionsgefahr bei Objektannäherung

4.3 Robotereinsatzplanung

4.3.1 Das Robotermodell

Das Modell eines Roboters innerhalb eines 3D-Simulationssystems setzt sich aus vier verschiedenen Teilmodellen zusammen (vgl. Bild 4.6), nämlich

- der Geometriebeschreibung der Einzelteile,
- der Beschreibung des kinematischen Aufbaus,
- einer funktionalen Beschreibungung der Steuerungssprache und
- einer kinetischen Modellbildung einschließlich der Steuerungsnachbildung.

Die Geometriebeschreibung der Robotereinzelteile erfolgt üblicherweise mit einem CAD-System. Die Abmessungen der einzelnen Teile sind insbesondere für Kollisions- und Einbaubetrachtungen von Interesse. Die kinematische Robotermodellierung legt die Bewegungsmöglichkeiten einzelner Achsen fest. Dabei werden neben dem Achstyp auch Achsdrehrichtung und die Achsanschläge definiert. Die Modellierung der Robotersteuerung ermöglicht die Off-Line-Programmierung in der jeweiligen Roboterzielsprache. Der vierte Bereich erfaßt das dynamische und regelungstechnische Verhalten eines Roboters. Eine genauere Beschreibung der Modellierungstechniken von Robotern findet sich in [WRBA 90].

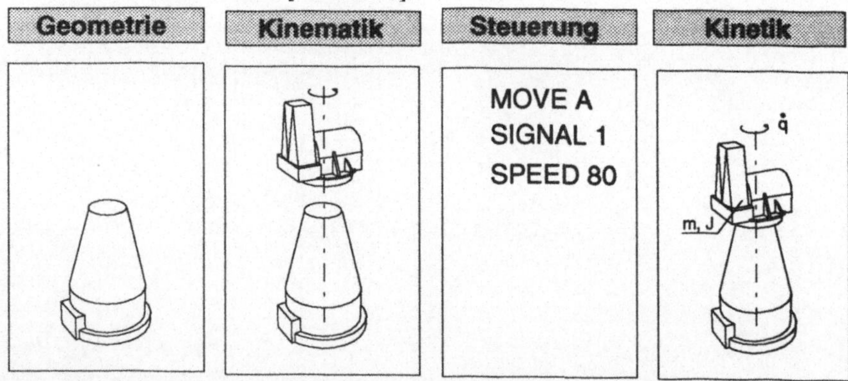

Bild 4.6: Robotermodellierung in der 3D-Simulation nach [TAUB 90a]

Diese Modellbeschreibung verschiedener Robotertypen ermöglicht einerseits die Generierung von Roboterprogrammen am Bildschirm, andererseits eine realitätsnahe Simulation des Bewegungsverhaltens beim Ausführen der off-line erzeugten Programme. Aus der Bewegungssimulation lassen sich verschiedene Zielgrößen als Bewertungsgrundlage für die aktuelle Lösungsvariante einer Produktionszelle heranziehen.

4.3.2 Zielgrößen bei der Robotereinsatzplanung

4.3.2.1 Erreichbarkeit

Ein grundlegendes Kriterium bei der Standortwahl für einen Roboter ist die Erreichbarkeit aller Zielframes. Die Positionskoordinaten des anzufahrenden Zielframes müssen hierzu innerhalb des Arbeitsbereichs des Roboters liegen. Dieser wird bei einer 6-Achs-Kinematik im wesentlichen durch die Längen von Ober- und Unterarm bestimmt (Bild 4.7). Der Maximalradius (r_{max}) des Arbeitsraums ergibt sich bei einer ausgestreckten Armstellung, der minimale (r_{min}) bei einem Einklappen des Unterarms bis zu dessen Achsanschlag (q_{min}, q_{max}). Die Position ist dann erreichbar, wenn sich ein Radius zwischen dem Maximal- und Minimalwert ergibt.

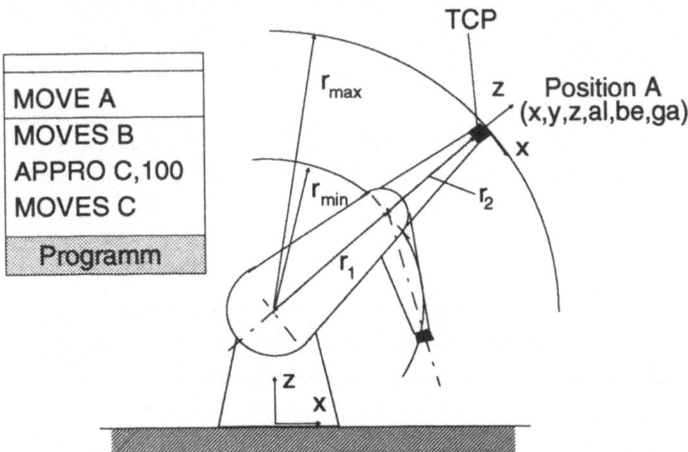

Bild 4.7: Erreichbarkeit von Zielframes

Bewegungsbefehle eines Roboterprogramms bestehen im allgemeinen aus der Festlegung des Bewegungsmodus, beispielsweise Punkt-Zu-Punkt-, Linear- oder Zirkularbewegung, und der Angabe der Koordinaten des anzufahrenden Zieframes. Diese Koordinaten beziehen sich in der Regel auf den TCP (Tool-Center-Point) in der Roboterhand (vgl. Bild 4.7). Sogenannte Rücktransformationsverfahren [TAUB 90a] haben die Aufgabe, die Achswinkelwerte für alle Robotergelenke zu ermitteln, mit denen der TCP an der vorgegebenen Position (*x*, *y*, *z*) mit der vorgegebenen Orientierung (*al*, *be*, *ga*) zu liegen kommt. In der vereinfachten Darstellung von Bild 4.8 müssen beispielsweise die Winkel q_2 und q_3 eingestellt werden, damit der TCP auf die Programmposition *A* fällt. Die vewendeten Rücktransformationsverfahren berücksichtigen primär keine Achsanschläge, so daß theoretisch auch Achswinkelwerte errechnet werden können, die zwar das kinematische Gleichungssystem erfüllen, mechanisch auf Grund von Achswinkelbegrenzungen aber nicht anfahrbar sind (vgl. q_{soll} in Bild 4.8). Eine Erreichbarkeit der gewünschten Position ist dann gegegben, wenn alle errechneten Winkel q_i im Bereich der mechanisch zulässigen Grenzen liegen.

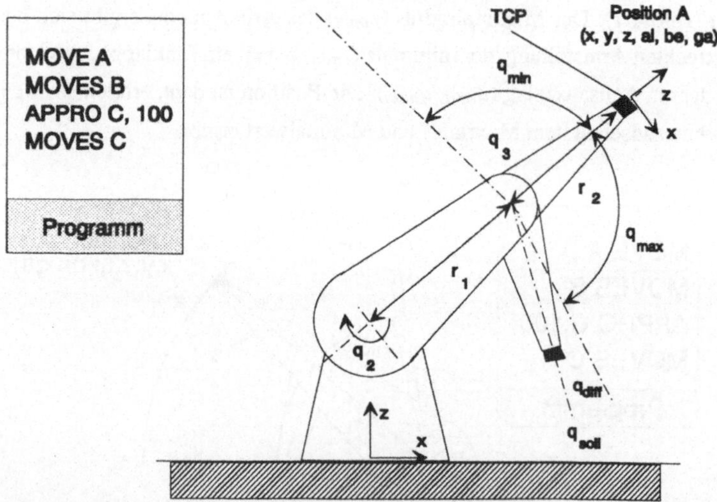

Bild 4.8: Einhaltung von mechanischen Winkelbegrenzungen

Als qualitative Beschreibung einer Nichterreichbarkeit kann bestimmt werden, wie weit das Zielframe vom gültigen Arbeitsbereich entfernt ist. Analog läßt sich für eine Grenzwinkelüberschreitungen deren Betrag der berechnen (vgl. q_{diff} in Bild 4.8).

4.3.2.2 Kollisionsfreiheit

Ein weiteres Zielkriterium bei der Programmausführung stellt die Kollisionsfreiheit des Roboterarms, seines Greifwerkzeuges oder des Transportgutes mit benachbarten Peripherieteilen dar. Zur Beurteilung von Kollisionen kann die Methodik aus Abschnitt 4.2.3 verwendet werden.

4.3.2.3 Verfahrwege

Die Erreichbarkeit aller Zielframes und die Kollisionsfreiheit sind zwingende Kriterien für die Ausführbarkeit eines Roboterprogramms. Die während der Programmausführung zurückzulegenden Verfahrwege eignen sich hingegen zum qualitativen Vergleich unterschiedlicher funktionsfähiger Lösungsvarianten. Der gesamte Verfahrweg ergibt sich dabei aus der Summation des Weges aller Einzelbewegungen. In erster Näherung kann dabei davon ausgegangen werden, daß eine Komponentenanordnung, bei der weniger Weg zurückgelegt werden muß, günstiger bewertet wird als eine mit relativ langen Verfahrwegen. Sie können beispielsweise als Äquivalent für den Verschleiß in den Robotergelenken oder die Programmausführungszeit verwendet werden. Zur Berechnung dieser Zielgröße können die Verfahrwege in kartesischen Koordinaten durch eine einfache Abstandsberechnung zwischen Start- und Zielframe ermittelt werden.

Der Abstand in kartesischen Koordinaten läßt in der Regel nur bedingt Aussagen über die notwendigen Drehbewegungen in den einzelnen Achsgelenken zu. Dementsprechend sind Angaben im Roboterkonfigurationsraum, also in Gelenkwinkeln der Roboterachsen, ein präziseres Gütekriterium. Hierzu ist sowohl auf das Startframe, als auch auf das Zielframe zunächst die Rücktransformation anzuwenden, um damit die jeweils zugehörige Achswinkelkonfiguration in den Robotergelenken zu bestimmen. Aus den unterschiedlichen Gelenkwinkelwerten ergibt sich der zurückzulegende Verfahrweg für jede Achse. Dabei ist allerdings der Bewegungsmodus zu berücksichtigen, bei dem zwischen der PTP- (Point-To-Point), der Linear- und der Zirkularbewegung unterschieden wird.

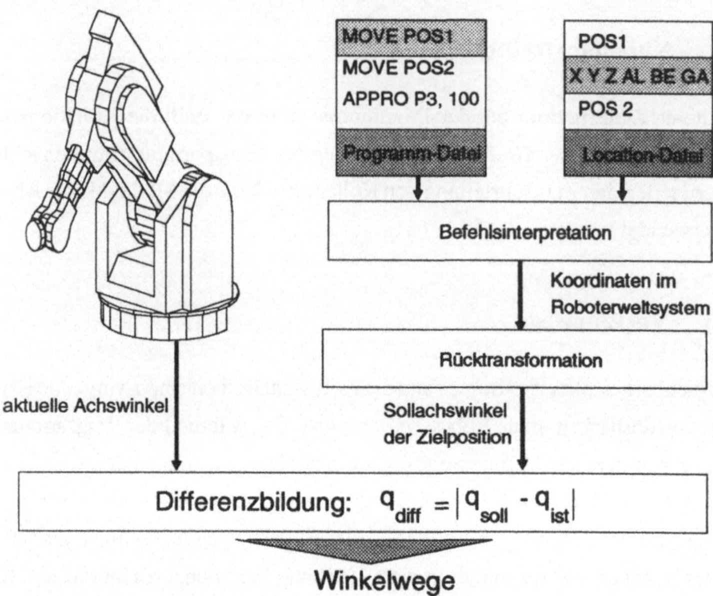

Bild 4.9: Prinzipielle Berechnung der Achswinkeldifferenzen bei der Befehlsausführung

In Bild 4.9 ist die Berechnung der zurückzulegenden Winkelwege schematisch dargestellt. Unabhängig vom jeweiligen Bewegungsmodus erfolgt zunächst die Befehlsinterpretation und anschließend die Berechnung der Sollachswinkel der Zielposition mit Hilfe eines Rücktransformationsverfahrens. Aus den Winkeldifferenzen zwischen den aktuell eingestellten und den berechneten Sollachswinkeln kann der zurückzulegende Weg jeder einzelnen Achse berechnet werden.

Für eine PTP-Bewegung reicht diese Differenzbildung aus, da während der Ausführung eines PTP-Befehls keine Vorzeichenumkehr im Geschwindigkeitsverlauf möglich ist. Während sich bei der Durchführung einer PTP-Bewegung die Bahn des TCP im Raum aus der zusammengesetzten Bewegung der einzelnen Achsen ergibt, werden bei einer Linearbewegung die Achswinkel während der Programmausführung so berechnet, daß der TCP der Roboterhand zwischen Start- und Zielframe eine Gerade im Raum beschreibt. Die Differenzbildung zwischen Start- und Zielwinkelkonfiguration kann hier zu einer Ergebnisverfälschung führen. Zur Verdeutlichung ist in Bild 4.10 das Abfahren einer Linearbewegung für eine Zweiachskinematik mit dem zugehörige Achswinkelverlauf dargestellt. Um von Position A zu Position B zu gelangen, muß sich

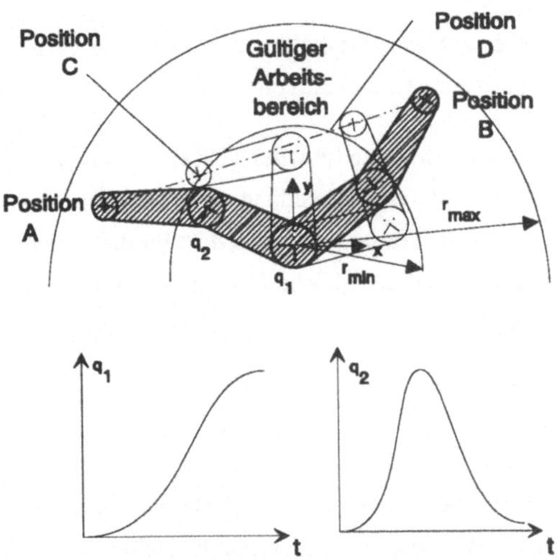

Bild 4.10: Kriterienermittlung bei der Ausführung einer Linearbewegung

die erste Achse um einen bestimmten Betrag in positive Richtung drehen, der prinzipielle Achswinkelverlauf ist links unten in Bild 4.10 dargestellt (q_1). Für die Achse q_1 würde die beschriebene Differenzbetrachtung ausreichen. Bei der zweiten Achse (q_2) hingegen wird sowohl in Position *A*, als auch in Position B ungefähr der gleiche Winkelwert eingestellt. Eine Differenzbildung würde hier ein Ergebnis nahe Null ergeben. Die Achse q_2 führt während der Befehlsausführung aber zunächst eine Bewegung in positive Richtung aus, um dann etwa in der Mitte des Bewegungsablaufs eine Drehrichtungsumkehr durchzuführen und sich anschließend ungefähr um den gleichen Betrag in negativer Richtung zurückzudrehen. Um hier Abhilfe zu schaffen, muß eine Wegintegration über der Zeit erfolgen. Die Integration läßt sich dabei nicht analytisch durchführen, sondern muß durch eine Interpolation realisiert werden. Hierzu wird nach einem festen Zeitintervall die Sollage des TCP auf der Geraden im Raum ermittelt. Daraus kann anschließend über ein Rücktransformationsverfahren der zugehörige Satz Achswinkel ermittelt werden. Die Integration erfolgt dann durch eine Addition der einzelnen Gelenkwinkeländerungen im jeweiligen Zeitintervall.

Ohne diese genauere Betrachtung des Bewegungsablaufs könnte sich eine weitere Ergebnisverfälschung ergeben, wenn die Linearbewegung zwischen Start- und Zielframe kurzzeitig aus dem Arbeitsbereich läuft. Bei der in Bild 4.10 dargestellten

Linearbewegung sind zwar Start- und Zielposition erreichbar, zwischen Position C und D ist das bereits beschriebene Erreichbarkeitskriterium aber nicht erfüllt.

Im Unterschied zur Linearbewegung führt der TCP eines Roboters bei der Abarbeitung eines Zirkularsatzes keine Bewegung entlang einer Geraden im Raum aus, sondern beschreibt einen Kreisbogen. Dieser Unterschied ist für die prinzipielle Zielgrößenermittlung nicht relevant, so daß der gleiche Berechnungsablauf wie bei der Linearbewegung erfolgen kann.

4.3.2.4 Taktzeit

Die Taktzeit zur Ausführung eines gesamten Roboterprogramms setzt sich aus den Ausführungszeiten für die einzelnen Bewegungsbefehle zusammen. Auch hier ist zwischen der PTP-Bewegung und der Linear- oder Zirkularbewegung zu unterscheiden.

In Bild 4.11 ist die kinematische Bahnplanung und Taktzeitermittlung für eine PTP-Bewegung prinzipiell dargestellt. Ausgehend von den bereits berechneten Winkelwerten für Start- und Zielposition kann unter Berücksichtigung der maximalen Beschleunigungs- und Verzögerungswerte und der höchst möglichen Verfahrgeschwindigkeit für jede der Roboterachsen ein trapezförmiges Geschwindigkeitsprofil ermittelt werden. Die gesuchte Dauer der gesamten Befehlsausführung richtet sich nach derjenigen Achse, deren Bewegungsvorgabe am meisten Zeit in Anspruch nimmt (t_3).

Die Ausführungszeit einer Linear- oder Zirkularbewegung kann prinzipiell ebenfalls anhand eines trapezförmigen Geschwindigkeitsprofils erfolgen. Dabei wird allerdings eine sogenannte Bahnbeschleunigung und -verzögerung sowie eine maximale Bahngeschwindigkeit für die Roboterhand im Raum vorgegeben. Aus diesen Werten und dem zurückzulegenden Weg zwischen Start- und Zielframe läßt sich dann wieder die Bewegungsdauer ableiten.

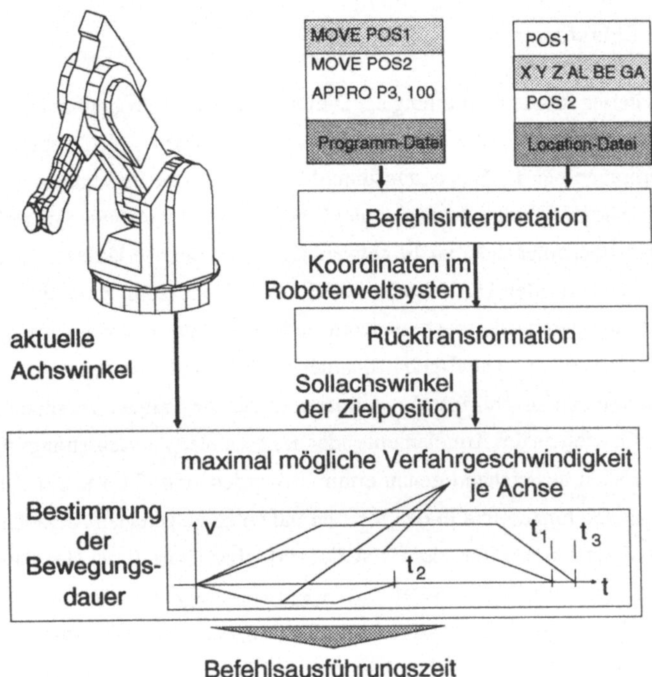

Bild 4.11: Prinzipielle Berechnung der Ausführungszeit für ein Bewegungskommando

4.3.2.5 Wiederhol- und Bahngenauigkeit

Die Wiederhol- und Bahngenauigkeit eines Roboters ist im allgemeinen von der aktuellen Achswinkelstellung abhängig. Beim Durchfahren von Singularitäten, beispielsweise am Rand des Arbeitsbereichs, wo der Roboterarm völlig ausgestreckt ist, sind dabei schlechtere Ergebnisse zu erwarten, als in der Mitte des Arbeitsbereichs. Die Berechnung dieses Kriteriums erfolgt durch die getrennte Bewertung einzelner Achsstellungen oder durch die Bestimmung der Jacobi-Matrix beispielsweise nach [PFEI 87]. Wird die Jacobi-Matrix singulär, so wird eine kritische Roboterarmkonfiguration durchfahren, die in der Regel zu einer schlechten Bahngenauigkeit oder sogar zum Not-Aus führen kann.

4.3.2.6 Belastungen

Weitere Kriterien für die Beurteilung der Durchführung eines Programmablaufs stellen dynamische Größen, wie die Momentenbelastungen in den Gelenkachsen oder der Energieverbrauch bei der Bewegungsdurchführung dar. Der Bewegungsverlauf zwischen Start- und Zielpunkt muß dann unter Einbeziehung der Roboterdynamik berechnet werden, wobei unter anderem die notwendigen Momentenverläufe für die einzelnen Achsen ermittelt werden [TAUB 90a, WOEN 90]. Zielsetzung kann einerseits sein, den Gesamtmomentenbedarf zu reduzieren, andererseits das Auftreten von Spitzenbelastungen zu verhindern. Die Ergebnisqualität bei der Simulation dynamischer Effekte hängt stark von den zugehörigen Modellparametern, wie Trägheitsmomenten, Elastizitäten und Gewichten der Armelemente oder des gesamten Antriebsstrangs ab, die nur in einigen Fällen ausreichend genau ermittelt worden sind [TÜRK 87]. Über diese Ungenauigkeiten hinaus sind in den meisten Fällen keine genauen Angaben über die Steuerungsalgorithmen seitens der Hersteller verfügbar. Trotz dieser Unzulänglichkeiten läßt sich zumindest eine quantitative Aussage über die berechneten Größen machen, da bei der Optimierung die relative Verbesserung gegenüber der Ausgangsvariante betrachtet wird.

4.3.3 Einflußparameter bei der Robotereinsatzplanung

Setzt man voraus, daß die einzelnen Zielframes eines Roboterprogramms stets mit der gleichen Reihenfolge und Orientierung abgefahren werden sollen, so können die oben genannten Zielgrößen durch eine Veränderung des **Roboterstandortes** beeinflußt werden (vgl. *r_mat* in Gleichung (3.2)). Durch Lösen der Gleichung (3.2) mit der veränderten Standortmatrix *r_mat_1,2* ergibt sich eine veränderte Lagebeschreibung der Zielframes *trf_mat* im Roboterweltkoordinatensystem (Bild 4.12). Dabei sind alle anzufahrenden Frames gleichermaßen von der Standortänderung des Roboters betroffen, wodurch sich unterschiedliche anzufahrende Achswinkelkonfigurationen ergeben.

Die Lagebeschreibung der anzufahrenden Zielframes im Roboterweltkoordinatensystem läßt sich aber nicht nur durch eine Roboterstandortvariation ändern, sondern indirekt auch durch die Umpositionierung von **Peripheriekomponenten**, die logisch mit einzelnen Zielframes verknüpft sind (vgl. *b_mat* in Gleichung (3.2)). Im Unterschied zur Roboterstandortänderung ist allerdings ein erhöhter Beschreibungsaufwand nötig, da in der Regel nicht alle, sondern nur einzelne Zielframes einem bestimmten Objekt zugeordnet sind.

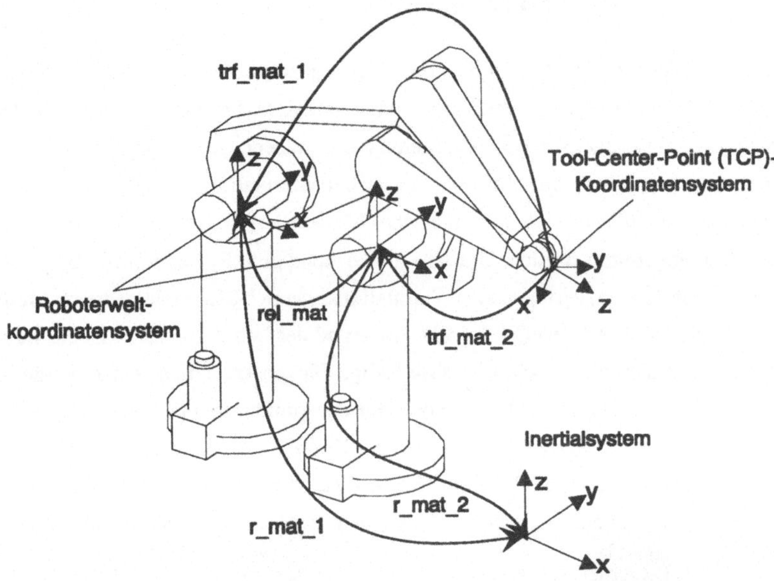

Bild 4.12: Einfluß des Roboterstandortes auf die Gelenkwinkel

Mehrachsige Kinematiken können einzelne Positionen je nach deren Aufbau mit unterschiedlichen Achswinkelkonfigurationen anfahren (vgl. Bild 2.2). Die Festlegung, mit welcher Konfiguration eine Zielposition angefahren werden soll, wird durch sogenannte **Stellungsparameter** festgelegt. Die Auswahl dieser Parameter hat direkten Einfluß auf die zurückzulegenden Achswinkelwege und damit auf die oben genannten Zielgrößen. Soll eine optimale Stellungsparameterkombination für ein ganzes Programm gefunden werden, so müssen für eine exakte Bestimmung des Optimums alle möglichen Kombinationen für das gesamte Programm berechnet werden. Auch mit heute verfügbaren Rechnern ist eine derartige Optimierungsrechnung mit sehr langen Rechenzeiten verbunden.

4.4 Gestaltung manueller Arbeitsplätze

4.4.1 Aufbau des Werkermodells

Bei der Durchführung von Fertigungs- oder Montageaufgaben sind heute nach wie vor manuelle Arbeitsplätze zu finden. Eine vollautomatisierte Produktionszelle stellt eher noch die Ausnahme dar. In den letzten Jahren war es daher ein Ziel, auch die Gestaltung manueller Arbeitsplätze mit Hilfe der grafischen Simulation zu verbessern. Hierzu mußte zunächst ein geeignetes kinematisches Modell des Menschen in einem Simulationssystem abgebildet werden. Um eine ausreichend gute Beweglichkeit dieses Modells zu gewährleisten, verfügt das im Simulationssystem USIS implementierte Modell über 44 bewegliche Achsen (Bild 4.13). Aufgrund der hohen Achszahl ist die Bewegungsbeschreibung hier besonders aufwendig. Die gesamte Kinematik wurde aus diesem Grund in mehrere Teilkinematiken zerlegt, primär die des linken und rechten Arms, die des linken und rechten Beins und des Kopfes. Eine detaillierte Beschreibung des zugrundeliegenden Modells ist in [KUMM92, PFRA 90] zu finden. Zur Vorgabe eines Bewegungsablaufs werden die einzelnen Achsen des Modells wie bei einer

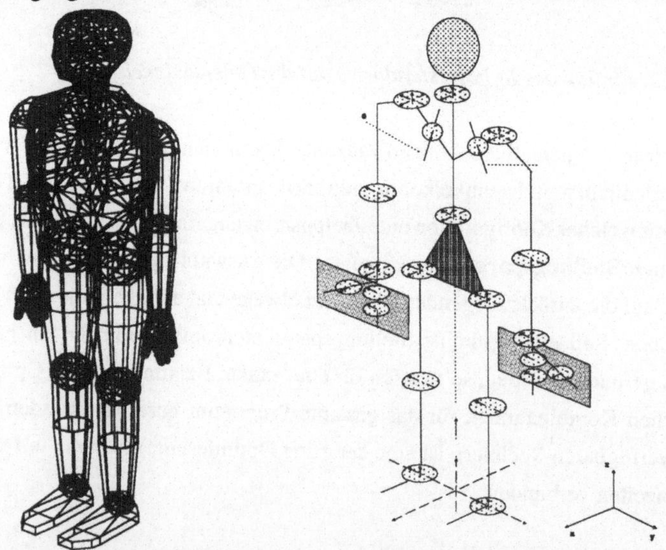

Bild 4.13: Geometrisches und kinematisches Werkermodell nach [PFRA 90]

Roboterkinematik mit grafisch interaktiven Hilfsfunktionen eingestellt und anschließend in einem Bewegungsprogramm abgelegt.

4.4.2 Zielgrößen bei der Gestaltung manueller Arbeitsplätze

Da der prinzipielle Aufbau des Werkermodells in USIS dem eines Roboters sehr ähnlich ist, können die verschiedenen Zielgrößen analog zu einem Robotermodell berechnet werden. Geringe **Gelenkwinkeländerungen** bei der Bewegungsausführung können als Äquivalent für kurze Greifwege und damit kurze Ausführzeiten verwendet werden. Auch die **Erreichbarkeit** aller Zielframes vom Werkerstandpunkt aus kann als Zielgröße genutzt werden.

Bei der Auslegung manueller Arbeitsplätze stehen neben der Erreichbarkeit und den Achswinkelsummen in den Gelenken Kriterien, wie die **Wirtschaftlichkeit** oder eine Beurteilung der **Ergonomie** im Vordergrund. Die Wirtschaftlichkeitsbewertung eines manuellen Bewegungsablaufs wird auf Basis des MTM-Grundverfahrens (Methods Time Measurement) durchgeführt [NN 80]. Jeder Grundtätigkeit, beispielsweise Greifen, Fügen oder Loslassen, kann in Abhängigkeit des im Simulationssystem bestimmbaren Greifwegs ein genormter **Zeitwert** zugeordnet werden. Auf Basis des zurückzulegenden Weges kann mit Hilfe des MTM-Verfahrens eine zugehörige Grundzeit ermittelt werden. Die Gesamtdauer der einzelnen Bewegungen wird direkt ins Verhältnis zu den verursachten **Lohnkosten** des Handarbeitsplatzes gesetzt, um so ein weiteres Optimierungskriterium zu liefern.

Neben den wirtschaftlichen Gesichtspunkten kann die Beurteilung des Bewegungsablaufs nach ergonomischen Aspekten erfolgen. Beispiele hierfür sind die auftretenden **Belastungen** während des geplanten Handhabungsvorgangs. Die Abschätzung der körperlichen Belastungen ergibt sich dabei einerseits aus den äußeren Kräften, beispielsweise beim Heben einer Last, andereseits aus der aktuellen Haltung des Werkers.

Weitere Kriterien bei der Auslegung manueller Arbeitsplätze sind durch die Berücksichtigung von **Greif-** und **Einsichträumen** oder die Bewertung von **Zugänglichkeiten** gegeben. Die Beurteilung von Einsichträumen läßt sich durch die Sensorsimulation realisieren, die im nächsten Kapitel beschrieben wird. Die Bewertung von Zugänglichkeiten bei der Handmontage kann auf Basis der bereits beschriebenen erweiterten Kollisionsrechnung erfolgen.

4.4.3 Einflußparameter der Gestaltung manueller Arbeitsplätze

Aufgabe bei der Planung manueller Arbeitsplätze ist es nun, alle notwendigen Komponenten so anzuordnen, daß die oben erwähnten Kriterien möglichst gut erfüllt werden. Hierzu bestehen, wie beim Roboter, prinzipiell zwei Möglichkeiten. Einerseits kann nach einem geeigneten **Standort** des Werkers gesucht werden, andererseits können die einzelnen **Komponentenanordnungen** variiert werden, so daß sich ein möglichst günstiger Ablauf ergibt. Die Optimierung des Bewegungsablaufs selbst, beispielsweise durch Angabe von Stützpunkten, ist nicht sinnvoll, genausowenig wie eine exakte Standortbestimmung des Werkers. Dies ist dadurch begründet, daß das Bewegungsverhalten des Menschen im Simulationssystem nur annähernd nachvollzogen werden kann. Durch die Anordnung von Peripheriekomponenten, beispielsweise Greifbehältern, kann jedoch ein Arbeitsplatz gestaltet werden, der den Bewegungs- und Belastungsmöglichkeiten eines Menschen möglichst gerecht wird.

4.5 Sensoreinsatzplanung

4.5.1 Das Sensormodell

Bei der Realisierung hochflexibler Produktionszellen kommen insbesondere im Bereich der Montage zunehmend intelligente Sensoren zum Einsatz [WEND 92]. Beispiele hierfür sind programmierbare Lasersensoren zur Anwesenheitskontrolle [KARS 90] oder Laserscanner zur Positionsvermessung [WELL 91]. Stellvertretend für verschiedene andere programmierbare optische Sensoren sollen hier anhand eines Lasersensors die Möglichkeiten für einen optimalen Einsatz diskutiert werden.

Bei diesem Sensor wird der Meßstrahl von einer Laserdiode ausgesandt und über verschiedene, von Schrittmotoren ansteuerbare Umlenkspiegel auf ein Bauteil gerichtet. Abhängig von dessen Farbe und Oberfläche reflektiert dieses einen bestimmten

Lichtwert. Bei der Programmierung des Sensors wird die Intensität des reflektierten Laserstrahls und die zugehörige Winkelstellung der einzelnen Spiegel der Probemessung als Referenzwert gespeichert. Für den Sensor ist das zu detektierende Bauteil dann vorhanden, wenn bei der späteren Messung der reflektierte Lichtwert innerhalb einer bestimmten Toleranz mit dem Referenzwert übereinstimmt.

Im Simulationsmodell [MILB 89c] wird zusätzlich die Länge *rad* des Meßstrahls gespeichert (Bild 4.14). Mit dieser Information kann bei der Simulation der Messung überprüft werden, ob der Laserstrahl vor dem Eintreffen beim eigentlichen Zielobjekt durch ein anderes Bauteil der Produktionszelle unterbrochen wurde.

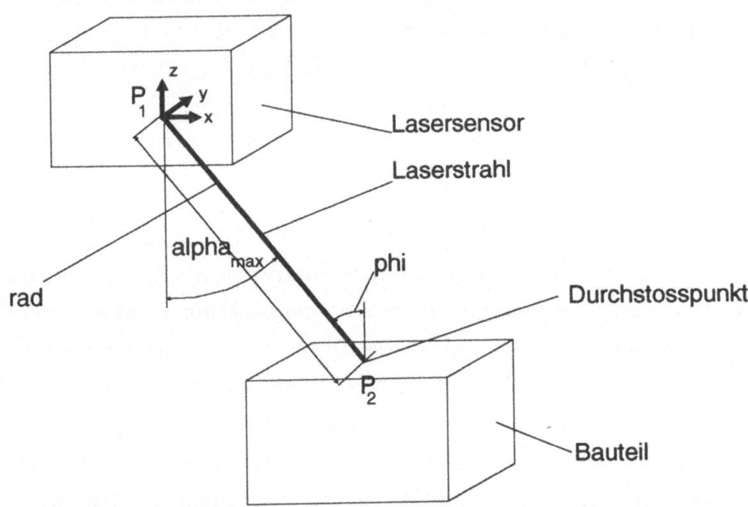

Bild 4.14: Modell des Lasersensors

4.5.2 Zielgrößen bei der Sensoreinsatzplanung

Bei der Planung des Sensoreinsatzes soll ein Anbringungsort gefunden werden, für den möglichst optimale Erkennungsbedingungen für alle zu beobachtenden Positionen erreicht werden können. Je kleiner die **Länge des Laserstrahls** (*rad*) ist und je senkrechter dessen **Auftreffwinkel** (*phi*) auf das zu beobachtende Objekt ist, desto besser sind die Erkennungsbedingungen. Die Berechnung der Strahllänge macht die Bestimmung des Durchstoßpunktes des Laserstrahls durch das beobachtete Objekt notwendig. Hierzu wird die bereits beschriebene Kollisionsrechnung eingesetzt. Kennt man die Koordinaten des Durchstoßpunktes, kann die Strahllänge nach (4.1) bestimmt werden. Weiterhin ist durch die USIS-interne Geometriedarstellung auch die zum Durchstoßpunkt gehörende Fläche bekannt. Aus der Lage der geschnittenen Fläche und der des Strahls kann dann der Auftreffwinkel *phi* ermittelt werden.

$$rad=\sqrt{(x_2-x_1)^2+(y_2-y_1)^2+(z_2-z_1)^2} \tag{4.1}$$

Die **Lichtleistung** des reflektierten Strahls kann unter Berücksichtigung der Objektfarbe vereinfacht nach Gleichung (4.2) einbezogen werden, wobei dunklere Farben weniger Lichtleistung reflektieren. Innerhalb des Robotersimulationssystems USIS ist die Objektfarbe durch eine Zahl eines Farbmodells [HOWA 91] festgelegt, nach dem ein entsprechender Beschreibungswert nach der Beziehung (4.2) ermittelt werden kann.

$$m = \cos(phi) * farbfaktor / rad \tag{4.2}$$

Für die Sensoranordnung ist die **Erreichbarkeit** der Koordinaten des Meßpunktes durch den Lichtstrahl, analog zum Roboter oder Werker, ein Auslegungskriterium. Das Erreichbarkeitskriterium kann beim Lasersensor aus zwei Gründen nicht immer erfüllt sein. Einerseits kann eine erfolgreiche Messung nur bis zu einer bestimmten Strahllänge erfolgen, andererseits wird der Einsichtbereich durch eine kegelförmige Umrandung begrenzt, die sich aus dem endliche Verdrehbereich der Ablenkspiegel und der baulichen Ausführung des Sensorgehäuses ergibt. Neben diesen konstruktiven Randbedingungen besteht auch die Möglichkeit, daß der Laserstrahl vor Erreichen seines vorgesehenen Ziels auf ein anderes Hindernis trifft. Dieser Fall wird durch den Kollisionswert *k* nach Gleichung (4.3) erkannt. Liegt *k* nicht innerhalb einer bestimmten Toleranz um den Nullwert, so wird davon ausgegangen, daß der Laserstrahl nicht bis zum gewünschten Meßobjekt durchdringen kann.

$$k = 1 - \text{tatsächliche Strahllänge/Sollstrahllänge} \tag{4.3}$$

4.5.3 Einflußparameter bei der Sensoreinsatzplanung

Abgesehen von konstruktiven Parametern, durch deren Variation beispielsweise der Einsichtraum vergrößert werden könnte, sind die wesentlichsten Einflußparameter für den Lasersensor durch dessen **Anbringungsort** und die zu beobachtenden **Meßpunktpositionen** gegeben. Die Zielgrößenberechnung gestaltet sich hierbei relativ einfach, da keine Rotationen der Bauteile berücksichtigt werden müssen, sondern die Strahllänge nach (4.1) aus dem Abstand zweier Positionen berechnet werden kann. Bei der Sensoranordnung ist ein Zielkonflikt zwischen der Strahllänge und dem Auftreffwinkel zu lösen. Je höher der Sensor angebracht wird, desto steiler trifft der Strahl auf das Bauteil, aber umso weiter ist der Sensor auch von diesem entfernt.

4.6 Planung von Fertigungsprozessen

4.6.1 Modell eines Fertigungsprozesses

Die bisher angeführten Zielgrößen zur Bewertung verschiedener Zellenvarianten beziehen sich direkt auf deren aktive Komponenten, wie Roboter, Werker oder Sensoren. Besonders aber bei der Auslegung von Fertigungszellen steht die Prozeßqualität im Vordergrund. Beispiele hierfür sind Lackiervorgänge, Bahn- oder Punktschweißen oder die Laserbearbeitung. Die Qualität derartiger Fertigungsprozesse läßt sich anhand verschiedener prozeßspezifischer Zielgrößen beurteilen. Sie werden durch ebenfalls spezifische Prozeßparameter beeinflußt. Als ein Beispiel für die Optimierung eines Fertigungsprozesses soll in diesem Abschnitt die automatisierte Laserbearbeitung herangezogen werden. Eine typische Aufgabenstellungen kann beispielsweise das Ausschneiden eines Blechs mit Hilfe eines Laserwerkzeugs sein (Bild 4.15). Das Laserwerkzeug muß hier mit einer konstanten Geschwindigkeit und gleichbleibendem Abstand an der gewünschten Schnittlinie entlang geführt werden.

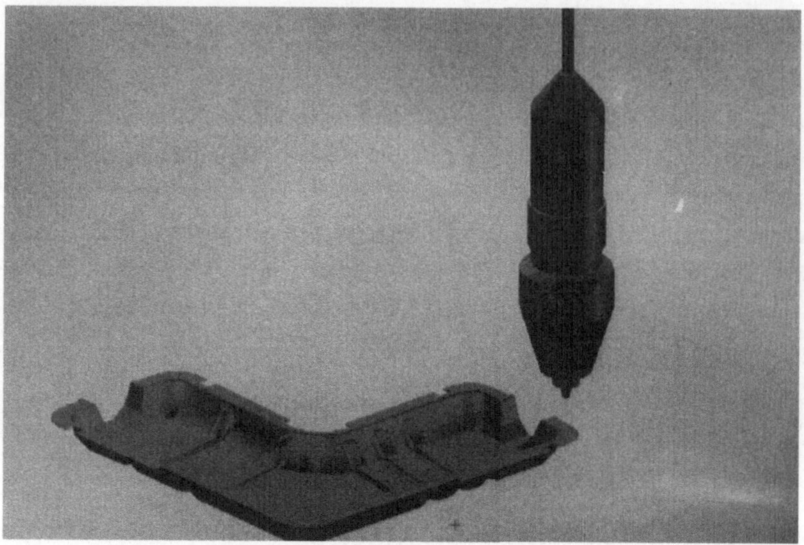

Bild 4.15: Relativanordnung von Werkzeug und Werkstück beim Laserschneiden

4.6.2 Zielgrößen bei der Laserbearbeitung

Beim Laserschneiden oder -schweißen sind eine Reihe von Kriterien für die Bearbeitungsqualität maßgebend. Die für einen Schneidvorgang benötigte Laserleistung ist unter anderem vom Werkstoff und der Werkstoffdicke des zu bearbeitenden Materials, sowie vom Abstand zwischen Werkzeug und Werkstück während der Bearbeitung abhängig [GARN 92]. Während des gesamten Bearbeitungsvorgangs ist die **Streckenenergie** (durch den Laserstrahl eingebrachte Energie pro Wegeinheit) möglichst konstant zu halten. Die maximale Laserleistung vorausgesetzt, ergibt sich daraus die einzuhaltende **Verfahrgeschwindigkeit** während des Bearbeitungsprozesses. Werden hierzu Industrieroboter eingesetzt, so ist es eine Aufgabe der Robotereinsatzplanung, eine weitgehend **gleichmäßige Bewegung** zu programmieren, um einerseits die Streckenenergie konstant halten zu können und andererseits eine hohe Bahngenauigkeit zu erreichen. Die Bahngüte ist unter anderem von der **Zahl der Vorzeichenwechsel** beim Geschwindigkeitsverlauf einzelner Roboterachsen abhängig. Je weniger dieser sogenannten Reversierbewegungen im gesamten Bewegungsablauf enthalten sind, desto besser ist die zu erwartende Schnittqualität. Dieser Effekt ergibt sich durch den mechanischen Aufbau des Roboters. Bei einem Geschwindigkeitsnulldurchgang und damit einer Drehrichtungsumkehr einzelner Achsen, treten Reibungs-, Elastizitäts- und Stoßeffekte auf. Diese führen zu Schwingungen des Roboterarms, die sich direkt auf die Bahntreue des Roboter-TCPs auswirken.

Werden Roboterprogramme zur Laserbearbeitung mit Hilfe von Off-Line-Programmiersystemen erzeugt, so ist bei Übertragung der simulierten Roboterprogramme auf die reale Robotersteuerung grundsätzlich mit gewissen Abweichungen zu rechnen. Diese ergeben sich aus den Unterschieden zwischen Zellenmodell und der realen Fertigungszelle. Zur Kompensation dieser Abweichungen lassen sich Sensorsysteme einsetzen [GARN 90], die diese Abweichungen erkennen und das off-line erzeugte Programm während der Ausführung am realen System korrigieren. Beim Laserschweißen werden beispielsweise Nahtfolgesysteme eingesetzt, die vorlaufend am Werkzeug angebracht sind. Dadurch ergeben sich besondere Anforderungen an die Bewegungsprogrammierung. Der Bewegungsablauf ist so zu wählen, daß während des gesamten Bearbeitungsvorgangs möglichst günstige **Einsichtbedingungen** für den Nahtfolgesensor bestehen.

4.6.3 Einflußparameter bei der Laserbearbeitung

Neben den Prozeßparametern, wie der **Laserstrahlleistung**, kann bei der Robotereinsatzplanung dessen **Standort** und die **Anordnung des Werkstücks** als Einflußparameter für eine Optimierung nach den genannten Kriterien verwendet werden. Bei komplizierteren Arbeitsvorgängen kann eine automatisierte Bearbeitung unter Umständen nicht mehr mit nur einem Roboter durchgeführt werden. Abhilfe schafft hier der Einsatz zweier kooperierender Roboter, von denen der eine das Werkzeug und der andere das Werkstück führt. Durch den Einsatz kooperierender Roboter kann eine Redundanz für die Bewegungsdurchführung erreicht werden. Diese bietet dem Planer einerseits die Möglichkeit, die Bearbeitung dort durchführen zu lassen, wo beide Roboter in einem möglichst günstigen Bereich arbeiten können. Andererseits ist bei der Roboterprogrammierung aber ein wesentlich höherer Aufwand notwendig. Für die Prozeßdurchführung ist es zunächst unbedeutend, wo im Raum die Bearbeitung durchgeführt werden soll und durch welchen der beiden Roboter die Relativbewegung zustande kommt. Die Bewegungsbeschreibung kann in Abhängigkeit der Stellung des jeweils anderen Roboters aus der Matrizengleichung (4.4) für den werkstückhandhabenden oder nach (4.5) für den werkzeughandhabenden Roboter berechnet werden (Bild 4.16).

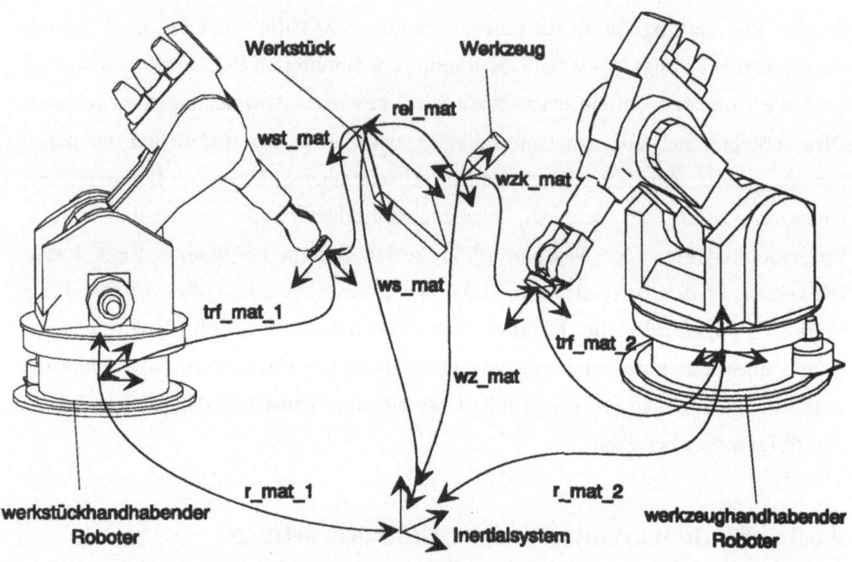

Bild 4.16: Beschreibung der Transformationen beim Einsatz kooperierender Roboter

(4.4) $trf\_mat\_1 = wst\_mat^{-1} * rel\_mat^{-1} * wz\_mat * r\_mat\_1^{-1}$

(4.5) $trf\_mat\_2 = wzk\_mat^{-1} * rel\_mat * ws\_mat * r\_mat\_2^{-1}$

Die Relativanordnung zwischen Werkzeug und Werkstück wird durch die Matrix *rel_mat* beschrieben, die unabhängig von den eingesetzten Robotern bestimmt werden kann (vgl. Abschnitt 3.2.3). Die Matrizen *wz_mat* bzw. *ws_mat* beschreiben die Lage des Werkzeugs bzw. des Werkstücks im Raum, während *trf_mat_1,2* die Lage des TCP im jeweiligen Roboterweltkoordinatensystem beschreiben. Mit den Matrizen *r_mat_1,2* wird der jeweilige Roboterstandort berücksichtigt. Die Transformationen *wst_mat* und *wzk_mat* beschreiben, wie das Werkstück bzw. das Werkzeug gegriffen worden ist. Die Ergebnismatrizen *trf_mat_1,2* können, wie bereits in Abschnitt 3.2.3 beschrieben, in Roboterkommandos umgerechnet, ausgeführt und bewertet werden.

Zur Bewegungsdurchführung ergeben sich somit eine Reihe von Variationsmöglichkeiten. Neben den verschiedenen **Standortänderungen** für

- den werkzeugführenden Roboter (*r_mat_1*),
- den werkstückführenden Roboter (*r_mat_2*),
- und die Bearbeitungslage des Werkstücks (*ws_mat*)

läßt sich der **Bewegungsablauf** selbst modifizieren. Dabei stehen folgende Möglichkeiten zur Verfügung:

- Durchführung der Relativbewegung vom werkzeugführenden Roboter,
- Durchführung der Relativbewegung vom werkstückführenden Roboter,
- Durchführung der Relativbewegung durch einen befehlsweisen Wechsel des ausführenden Roboters,
- Durchführung der Relativbewegung durch eine gleichzeitige Bewegung der beiden Roboter.

Eine Planungsaufgabe beim Einsatz kooperierender Roboter kann dementsprechend sein, die Bewegungsfolge zu finden, für die beispielsweise am wenigsten Reversierbewegungen auftreten.

5 Implementierung des Gesamtsystems

5.1 Übersicht

Bei der Realisierung des Gesamtsystems (Bild 5.1) wird auf das grafische Simulationssystem USIS, das bereits in Kapitel 2 vorgestellt wurde, aufgesetzt. Dabei muß die Modellbeschreibung des Simulationssystems so erweitert werden, daß sie von der Optimierungsumgebung direkt als Zielfunktion verwendet werden kann. Das ausgewählte numerische Optimierungsverfahren schlägt dann einen Parametervektor nach einer spezifischen Strategie vor. Dieser Vektor wird in der Schnittstelle interpretiert und an die einzelnen Objekte in der Datenstruktur des Simulationssystems weitergeleitet, beispielsweise in Form neuer Standortangaben. Innerhalb des Simulationssystems werden entsprechend dieser Angaben die zuvor ausgewählten Komponenten angeordnet und anschließend eine automatische Programmanpassung durchgeführt. Durch die Simulation dieser modifizierten Bewegungsprogramme werden die gewünschten Zielgrößen berechnet und die einzuhaltenden Randbedingungen überprüft.

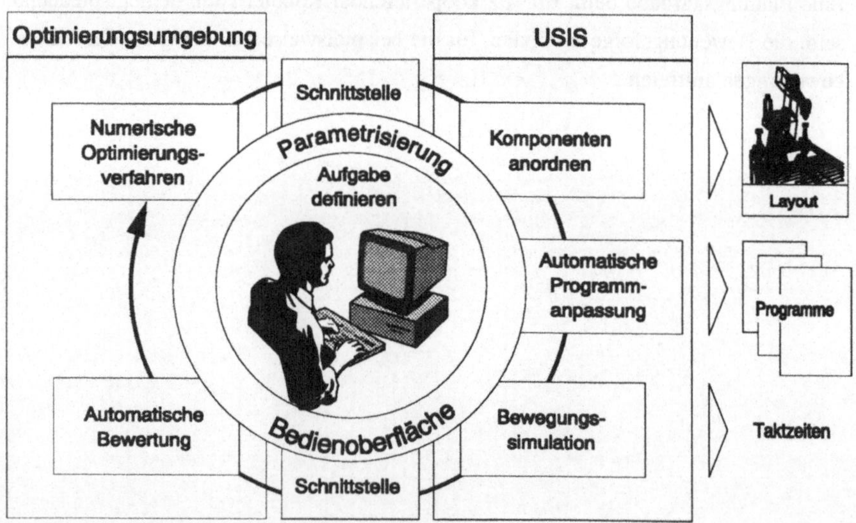

Bild 5.1 : Prinzipieller Aufbau des Gesamtsystems

Über eine weitere Schnittstelle gelangen nur die für den Planer relevanten Zielgrößen zum Bewertungsmodul der Optimierungsumgebung, wo ein Gütewert zur Beschreibung der Modellqualität berechnet wird. Auf Grundlage dieses Wertes berechnet das numerische Optimierungsverfahren wiederum einen neuen Parametervektor. Dieser Kreislauf wird solange vollautomatisch durchlaufen, bis ein Abbruchkriterium erreicht ist.

Die Verbindung zwischen der Optimierungsumgebung, den Schnittstellen und dem Simulationssystem USIS wird durch ein Parametrisierungsmodul mit einer gemeinsamen Bedienoberfläche realisiert. Hier hat der Anwender die Möglichkeit die Optimierungsaufgabe interaktiv zu formulieren, wozu unter anderem die Identifizierung der beteiligten Komponenten, die Auswahl und Gewichtung verschiedener Zielgrößen oder die Festlegung eines bestimmten Optimierungsverfahrens gehört.

Die Optimierungsumgebung ist dabei von der Funktionalität des Simulationssystems getrennt. Der Datenaustausch erfolgt über die erwähnten Schnittstellen. Diese Konzeption bietet die Möglichkeit, beide Teilsysteme weitgehend unabhängig voneinander weiterzuentwickeln, beispielsweise beim Einbinden neuer Optimierungsverfahren. In den folgenden Abschnitten soll der Aufbau des Gesamtsystems anhand der Bereiche Parametrisierung, Zielfunktion und Optimierungsumgebung näher erläutert werden.

5.2 Parametrisierung

5.2.1 Definition der Optimierungsaufgabe

Während eine interaktive Optimierung eines Zellenaufbaus von einem ständigen Wechsel zwischen der Komponentenanordnung, der Anpassung zugehöriger Bewegungsbefehle und der Verifizierung durch die Bewegungssimulation gekennzeichnet ist, stellt bei dem hier vorgestellten Optimierungspaket das Parametrisierungsmodul die Schnittstelle zwischen dem Anwender und dem Gesamtsystem dar (Bild 5.2).

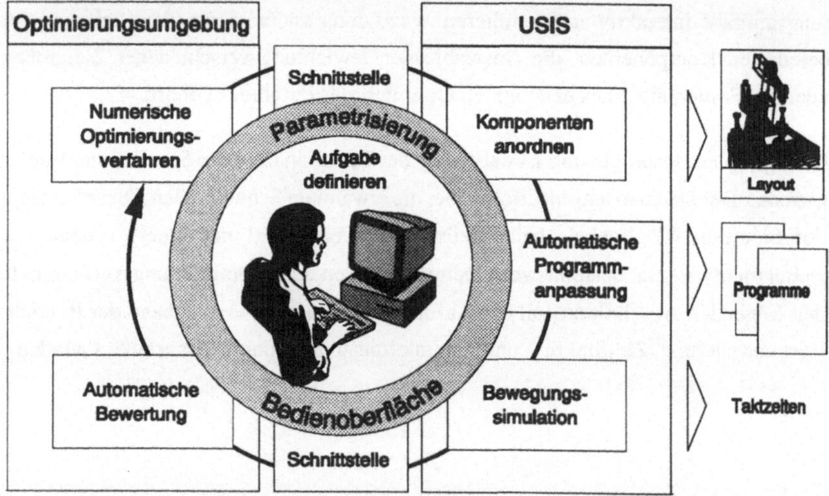

Bild 5.2: Einordnung des Parametrisierungsmoduls in das Gesamtsystem

Eine Hauptaufgabe des Parametrisierungsmoduls ist es, alle für die Optimierungsrechnung relevanten Informationen automatisch aus dem Simulationsmodell zu extrahieren. Hierzu gehören beispielsweise:

- die Ausgangsstandorte der Objekte,
- die Bewegungsvorschriften in Form von Roboterprogrammen und
- verschiedene Randbedingungen, wie zum Beispiel Achswinkelgrenzen.

Zusätzlich zur Modellbeschreibung muß der Planer die eigentliche Optimierungsaufgabe definieren können, indem er beispielsweise:

- die an der Optimierungsrechnung beteiligten Objekte auswählt,
- die zu variierenden Parameter definiert,
- die zu berücksichtigenden Zielgrößen bestimmt,
- deren individuelle Gewichtung vornimmt und
- Randbedingungen, wie die Einhaltung von Suchräumen und Sperrzonen, formuliert.

Alle notwendigen Benutzereingaben können über grafisch-interaktive Eingabemöglichkeiten des Parametrisierungsmoduls erfolgen, so daß keine besonderen mathematischen Kenntnisse bei der Definition der Optimierungsaufgabe notwendig sind. Zusätzlich zur reinen Eingabefunktionalität verfügt das Parametrisierungsmodul über eine Reihe von Funktionen zur Plausibilitätskontrolle des Eingabedatensatzes. Bei der Objektauswahl wird beispielsweise überprüft, ob mindestens ein aktives Objekt ausgewählt worden ist, da sonst keine bewertbaren Kriterien berechnet werden können. Die Auswahl eines aktiven Objekts kann dabei entweder direkt oder indirekt erfolgen. Bei einer direkten Auswahl ist das ausgewählte Objekt selbst ein aktives Objekt und liefert somit bereits die benötigten Zielgrößen, was beispielsweise bei einer Roboterstandortoptimierung der Fall ist. Eine indirekte Auswahl eines aktiven Objekts liegt dann vor, wenn eine Komponente, beispielsweise ein Magazin, identifiziert worden ist, das von einer oder mehreren Kinematiken im Laufe einer Programmabarbeitung mindestens einmal angefahren wird.

Ist die automatisierte Modellbeschreibung und die grafisch-interaktive Definition der Optimierungsaufgabe abgeschlossen, so können noch spezielle Angaben zum Optimierungslauf selbst durchgeführt werden. So ist beispielsweise:

- die Auswahl eines Optimierungsalgorithmus,
- die Angabe von Anfangsschrittweiten oder
- die Definition von Abbruchbedingungen

durchzuführen. Anschließend liegt ein vollständiger Eingabedatensatz vor, der für eine spätere Dokumentation oder Parametervariation abgespeichert werden kann.

5.2.2 Festlegung des Bewegungsablaufs

Die Beurteilung einer Lösungsvariante erfolgt bei der hier vorgestellten Konzeption auf Basis von Zielgrößen, die sich aus der Ausführung von Bewegungs- oder Meßprogrammen ergeben. Die Erzeugung dieser Programme kann innerhalb der 3D-Simulation mit der üblichen Off-Line-Programmierfunktionalität erfolgen. Dabei wird unter Einbeziehung der kinematischen Randbedingungen eines speziellen Roboters und der Standorte verschiedener Peripherievorrichtungen ein Roboterprogramm erzeugt.

Die eher auf die Belange der Layoutoptimierung zugeschnittene Relativprogrammierung wurde konzeptionell bereits in Kapitel 3.2 vorgestellt. Hierbei werden zunächst nur eine Reihe von Relativanordnungen zwischen einzelnen Zellenkomponenten eingestellt. Hierzu kann der Planer alle interaktiven Plazierungsfunktionen des Simulationssystems nutzen. Ist eine richtige Zuordnung beider Teile durchgeführt, so kann die jeweilige Relativanordnung gespeichert werden (Bild 5.3). Der Vorteil dieser Methode liegt darin, daß zum Zeitpunkt der Bewegungsbeschreibung einerseits kein bestimmter Roboter ausgewählt sein muß und andererseits nur die direkt benötigten Komponenten im Layout geladen sind. Achsanschläge oder Erreichbarkeiten durch den Roboter können in dieser Phase genauso unberücksichtigt bleiben, wie Kollisionen verschiedener Komponenten untereinander. Ergebnis dieses Arbeitsgangs ist eine Datei mit einer Reihe von Relativanordnungen zwischen bestimmten Bauteilen, die später nacheinander zu einer kontinuierlichen Bewegung zusammengesetzt werden sollen, beispielsweise durch entsprechende Linearbefehle in einem Roboterprogramm.

Nach einer Auswahl und Grobanordnung aller benötigten Zellenkomponenten sind alle weiteren Informationen bekannt, die dazu benötigt werden, aus den roboterneutralen Relativanordnungen ein syntaktisch richtiges Roboterprogramm zu generieren (Bild 5.3), bei dem aber noch keine Erreichbarkeitsprüfungen durchgeführt wird. Die mathematischen Grundlagen hierzu wurden bereits in Kapitel 3.2.3 vorgestellt. Im nächsten Schritt sind dann die Standortkoordinaten des Roboters beziehungsweise der Peripheriekomponenten (z.B. des Werkstücks) solange zu variieren, bis das Programm

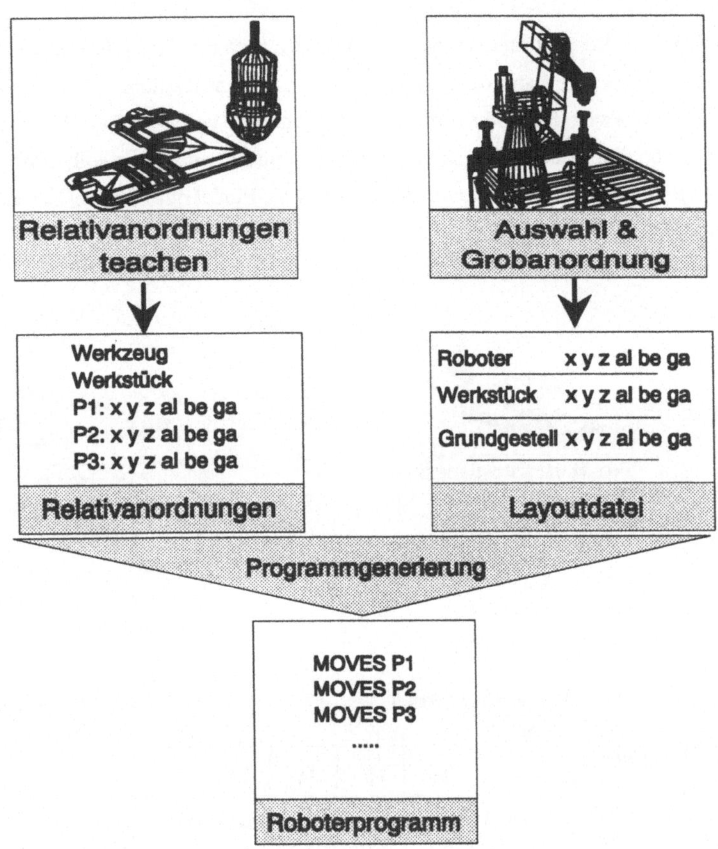

Bild 5.3: Automatisierte Programmerzeugung aus Relativanordnungen

fehlerfrei ausführbar ist. Dieses Vorgehen stellt bereits einen Optimierungsvorgang dar, der mit Hilfe numerischer Verfahren bearbeitet werden kann. Das Auslegungskriterium ist dabei in erster Linie die bereits beschriebene Erreichbarkeit aller Zielframes.

Bei dieser Methode wurde von einem ruhenden Werkstück und einem sich bewegenden Werkzeug ausgegangen. Diese Zuordnung läßt sich aber ohne weiteres umkehren, da es prinzipiell unerheblich ist, welches der betrachteten Bauteile die Relativbewegung ausführt. Dieser Aspekt ist insbesondere bei der Programmierung zweier kooperierender Roboter von Interesse (vgl. Kapitel 4.6.3), wo zusätzlich die Möglichkeit besteht, den ausführenden Roboter von Befehl zu Befehl auszutauschen. Dementsprechend läßt sich nicht nur der Bearbeitungsort variieren, sondern auch das Auffinden einer optimalen Bewegungsabfolge kann durchgeführt werden. Als zusätzliches Eingangsdatum wird dann die gewünschte Bewegungsabfolge benötigt (vgl. Bild 5.4). Je nachdem, welcher der beiden Roboter den aktuellen Bewegungssatz ausführen soll, erfolgt eine Befehlsgenerierung nach Gleichung (4.4) oder (4.5). Findet ein Wechsel des ausfüh-

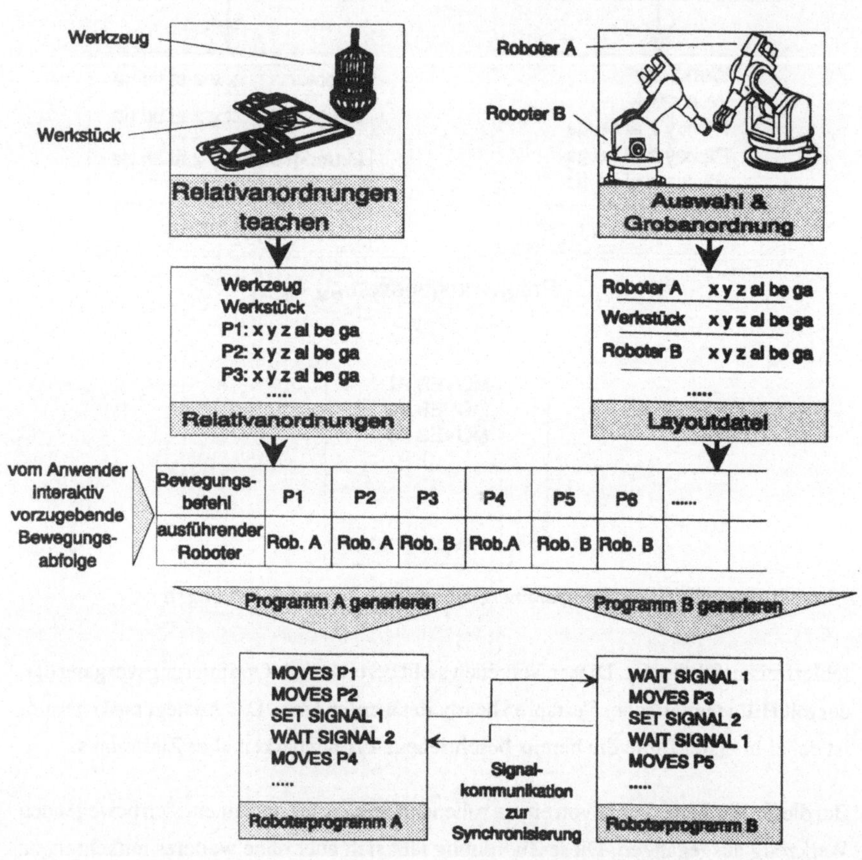

Bild 5.4: Automatisierte Generierung von Programmen für kooperierende Roboter

renden Roboters statt, so ist zu den reinen Bewegungsbefehlen noch eine entsprechende Signalkommunikation zur Bewegungssynchronisierung zu generieren. Die hierfür notwendigen Eingabemöglichkeiten wurden in die Oberfläche des Parametrisierungsmoduls integriert.

5.2.3 Automatische Analyse der Optimierungsaufgabe

Bei der automatisierten Layoutoptimierung muß der Planer zwar nicht mehr direkt in den Optimierungsvorgang eingreifen, statt dessen muß aber die Optimierungsaufgabe zu Beginn des Optimierungslaufs interaktiv definiert werden. Dabei ist, wie bei einer herkömmlichen interaktiven Optimierung des Zellenaufbaus, in vielen Fällen nicht sofort erkennbar, welche Komponenten die ausgewählten Zielgrößen besonders beeinflussen. Auch Informationen darüber, welche Zielgrößen einen besonders großen Einfluß auf den Gesamtgütewert haben, stehen nicht unmittelbar zur Verfügung.

Um dem Planer auch hier Unterstützung zu bieten, wurde eine Analysefunktion in das Parametrisierungsmodul integriert. Damit läßt sich automatisiert ein erster Vorschlag für einen Eingabedatensatz der Optimierungsrechnung erzeugen. Das Analysemodul wählt hierzu zunächst selbstständig alle relevanten Zellenkomponenten aus. Dies sind grundsätzlich alle aktiven Komponenten (Roboter, Werker, Sensoren) und zusätzlich diejenigen passiven Objekte, die logisch mit Zielframes eines Meß- oder Bewegungsprogramms zusammenhängen. Ein Beispiel hierfür ist ein Magazin, aus dem während der Programmabarbeitung ein Produkt entnommen werden soll. Anschließend wird die Abarbeitung dieser Programme analog zur Bewegungssimulation durchgeführt. Zusätzlich werden hier aber alle Zielgrößen mitprotokolliert und deren Betrag anteilig den automatisch ausgewählten Objekten zugeordnet. Betrachtet man wieder die Entnahmebewegung eines Produkts aus einem Magazin, so können die Werte für die Zielgrößen, die während der Anfahr-, Entnahme- und Abrückbewegung berechnet werden, diesem Magazin zugeordnet werden (Bild 5.5).

Wird diese Zuordnung für alle Roboterprogramme durchgeführt, so lassen sich im nächsten Schritt die einzelnen Objekte entsprechend ihres Anteils am Gesamtbewegungsablauf sortieren. Aus dem Verhältnis der Ergebnisse für die einzelnen Zielgrößen läßt sich bereits ein erster Vorschlag für die globale Gewichtung der Einzelkriterien untereinander ableiten. Dabei wird vereinfacht davon ausgegangen, daß Kriterien mit relativ hohem Anteil an der jeweiligen Gesamtsumme auch besonders stark gewichtet werden müssen. Eine Aufgabenstellung kann beispielsweise lauten, eine Zellenanordnung zu finden, für die die Summe aller Achsbewegungen minimiert werden soll. Entfällt dann bei der Roboterprogrammausführung ein sehr großer Anteil der durchzuführenden Bewegungen beispielsweise auf die erste Achse, während alle anderen Achsen einen relativ geringen Bewegungsaufwand haben, so muß in erster Linie der Bewegungsanteil der ersten Achse vermindert werden. Um einen großen Einfluß im Gesamtgütewert durchzusetzen, muß eine entsprechend hohe Gewichtung dieser Zielgröße erfolgen.

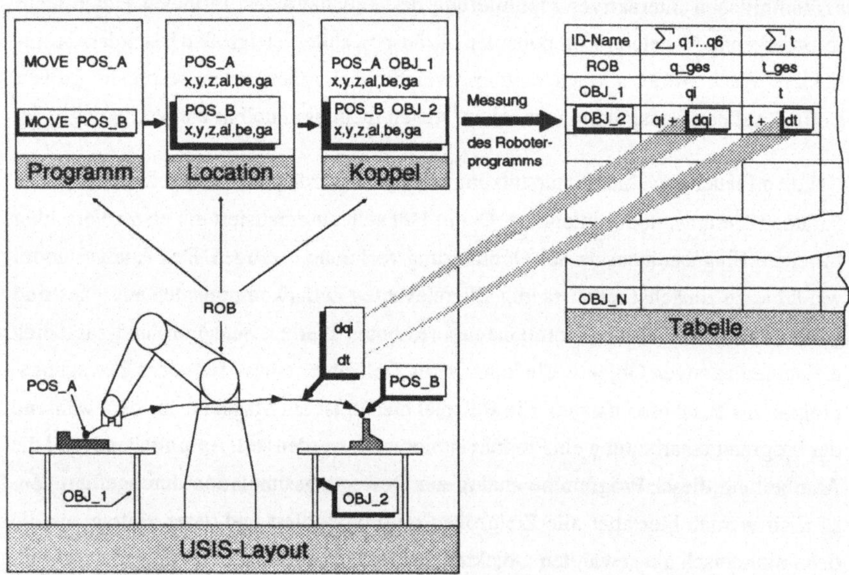

Bild 5.5: Automatische Erzeugung eines Eingabedatensatzes

Der automatisch erzeugte Eingabedatensatz ist als ein erster Vorschlag zur Information des Planers aufzufassen. Vor dem Start der Optimierungsrechnung kann dieser noch beliebig interaktiv modifiziert werden.

5.3 Die 3D-Simulation als Zielfunktion

Für die hier beschriebene automatisierte Layoutoptimierung ist die Modellbeschreibung des Simulationssystems USIS so zu erweitern, daß sie als Zielfunktion verwendet werden kann. Einflußparameter stellen in erster Linie Standorte verschiedener Zellenkomponenten dar. Als Beurteilungsgrundlage verschiedener Lösungsvarianten können Zielgrößen herangezogen werden, die sich aus der Bewegungsdurchführung ergeben, zum Beispiel die Bewegungsdauer. Der Zusammenhang zwischen den Einflußparametern einerseits und den Zielgrößen andererseits wird durch eine Bewegungs- oder Meßvorschrift hergestellt.

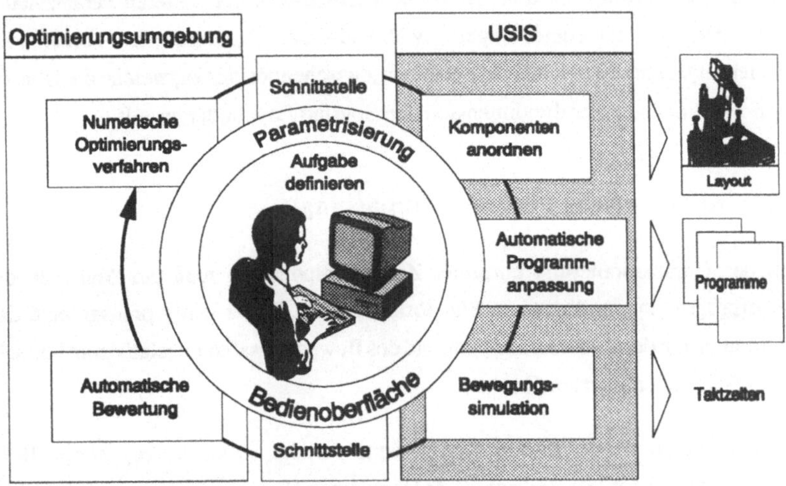

Bild 5.6: Zielgrößenbestimmung mit der 3D-Simulation

Die Vorgehensweise bei der Zielgrößenbestimmung innerhalb der 3D-Simulation läßt sich in die vier Teilschritte (Bild 5.6):

- Objektpositionierung,
- Anpassung der Bewegungs- und Meßprogramme an die neuen Standorte,
- Berechnung der Zielgrößen durch Simulation der Bewegungsabläufe und
- die qualitative Bestimmung eventueller Restriktionsverletzungen

gliedern. Die Berechnung der Zielgrößen und die Bestimmung der Restriktionsverletzungen ist in Bild 5.6 unter dem Begriff Bewegungssimulation zusammengefaßt.

5.3.1 Anordnung der Komponenten

Die einzige Eingangsgröße stellt bei jedem Optimierungsschritt ein n-dimensionaler Parametervektor dar, der innerhalb der Schnittstelle zwischen Optimierungsverfahren und Simulationssystem beispielsweise in Positionskoordinaten umgerechnet wird. Diese Koordinaten werden dann den betroffenen Objekten zugewiesen. Im Sinne einer transparenten Ergebnisfindung werden die Standortvariationen von Optimierungsschritt zu Optimierungsschritt am Bildschirm visualisiert. Zur weiteren Veranschaulichung der Parameteränderungen während der automatisch ablaufenden Optimierungsrechnung werden die einzelnen Zwischenpositionen, welche die Objekte einnehmen, anhand einer dreidimensionalen Spur im Layout dargestellt.

5.3.2 Automatische Programmanpassung

Nach der Umpositionierung einzelner Zellenkomponenten muß ein Anpassen der Roboterprogramme an die neuen Standorte erfolgen. Dabei wird vorausgesetzt, daß die Orientierung der Roboterhand während des Bewegungsablaufs relativ zum betrachteten Objekt unverändert bleibt.

Wird der Standort einer aktiven Komponente variiert, so ist die zugehörige Relativtransformation auf alle Zielframes des jeweiligen Bewegungsprogramms gleichermaßen anzuwenden (vgl. Bild 4.12).

Bei der Standortvariation einer passiven Komponente sind im Normalfall nur einzelne Zielframes von einer Änderung betroffen. Um diese richtig zuzuordnen, wird das Roboter-, Werker- und Sensormodell im Simulationssystem um eine Koppeldatei erweitert. Sie stellt den Bezug zwischen dem anzufahrenden Zielframe und dem zugehörigen Objekt her (Bild 5.7). Für jedes Zielframe findet sich hier ein Eintrag mit einem Positionsparameter (hier: *A*) und dem zugehörigen Identifikationsnamen im Layout (hier: *ID*). Wird das Objekt *ID* während der Optimierungsrechnung umpositioniert, so werden zunächst die Koppeldateien aller aktiven Objekte nach dem Auftreten

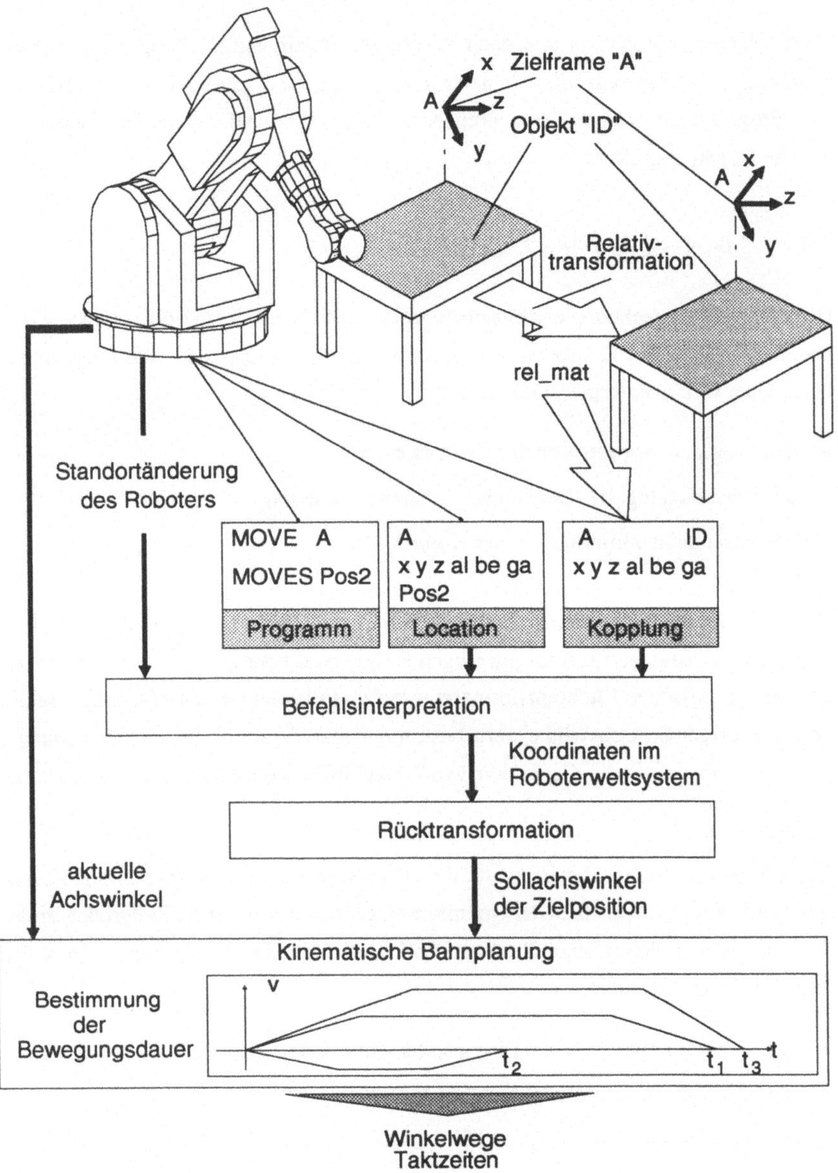

Bild 5.7: Zielkriterienermittlung für ein Robotermodell im Simulationssystem

dieses Namens durchsucht und dann jeweils die Relativverschiebung des Objektes eingetragen. Da jede aktive Komponente über eine eigene Koppeldatei verfügt, können auch Programmänderungen für mehrere Kinematiken durchgeführt werden, die auf das gleiche Objekt zugreifen.

5.3.3 Bestimmung der Zielgrößen

Die Zielgrößenberechnung ergibt sich durch die Simulation der in Folge der Standortänderungen einzelner Komponenten modifizierten Bewegungs- oder Meßprogramme. Nach einer Befehlsinterpretation kann aus

- den Programmkoordinaten des Zielframes,
- der Verschiebung des Handhabungssystems selbst und
- den zusätzlichen Einträgen in der Koppeldatei

die neue Lage eines Zielframes berechnet werden (vgl. Bild 5.7). Der Zielkoordinatensatz wird hierzu nach (3.2) im jeweiligen Roboterweltkoordinatensystem berechnet. Mit den spezifischen Rücktransformationsverfahren lassen sich nun für jeden Befehl die zugehörigen Sollachswinkelwerte bestimmen. Aus der nachfolgenden Bewegungsplanung können dann die Zielgrößen, wie Winkeldifferenzen oder Taktzeiten errechnet werden.

Soll beispielsweise nur die Gesamtausführungsdauer oder die insgesamt abzufahrenden Winkelwege Gegenstand der Optimierungsrechnung sein, ist die Zielgrößenermittlung an diesem Punkt abgeschlossen. Soll aber auch der Bewegungsablauf selbst beispielsweise hinsichtlich

- der Achswinkelverläufe bei Linear- oder Zirkularbewegungen,
- der kinematische Stabilität,
- der mechanische Belastung mit Hilfe der Dynamiksimulation oder
- der Kollisionsfreiheit während der Bewegungsausführung

untersucht werden, muß eine Interpolation über der Zeit erfolgen (Bild 5.8). Dies erfordert zunächst eine kinematische Bahnplanung, wie sie auch von der realen Steuerung durchgeführt wird. Dabei werden alle Geschwindigkeitsprofile so umgerechnet, daß alle Achsen eines Roboters gleichzeitig mit der Bewegung beginnen und auch gleichzeitig zum Stillstand kommen. Die Berechnung orientiert sich dabei an der Achse, welche die längste Bewegungsdauer hat. Anschließend wird der Bewegungsablauf simuliert, wobei für jedes Zeitintervall *dt* eine Zielgrößenermittlung stattfindet, die zur jeweiligen Roboterarmstellung gehört. Die Interpolationsschleife ist nach Erreichen der Gesamtausführzeit *T* für einen einzelnen Bewegungsbefehl beendet.

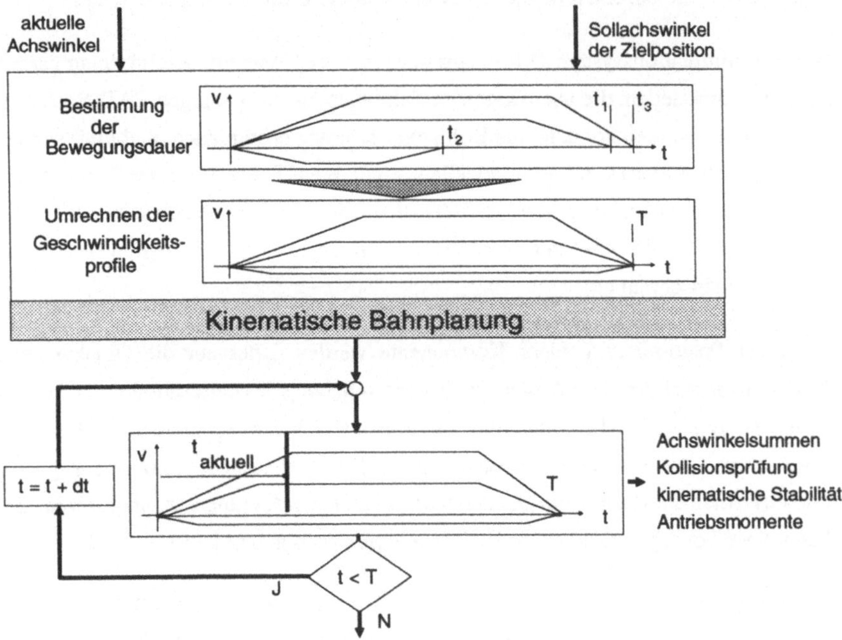

Bild 5.8: Bestimmung der Zielgrößen durch Interpolation des Bewegungsablaufs

Der Rechenzeitaufwand bei dieser detaillierteren Kriterienbestimmung steigt gegenüber der Betrachtung nur eines Start- und Zielpunktes einer Bewegung deutlich an. Auf die grafische Darstellung des jeweils veränderten Bewegungsablaufs kann zur Rechenzeiteinsparung daher verzichtet werden. Für das Sensor- beziehungsweise Werkermodell erfolgt die Zielgrößenermittlung analog, wobei beim Sensor auf eine Interpolation über der Zeit verzichtet werden kann.

5.3.4 Erfassen der Randbedingungen

Während der Suche nach einer Zellenkonfiguration, für die die gewünschten Zielgrößen möglichst günstige Werte annehmen, sind in der Regel zusätzlich eine Reihe unterschiedlicher Randbedingungen zu erfüllen. Ähnlich wie bei den Zielgrößen können diese mehr oder weniger gut erfüllt sein. Eine grundlegende Randbedingung stellt die Kollisionsfreiheit bei der Anordnung der einzelnen Komponenten dar.

Die dem Simulationssystem USIS zugrunde liegende Geometriebeschreibung basiert auf Flächenmodellen, die über normierte Schnittstellen aus gängigen CAD-Systemen übernommen werden können. Die Kollisionsrechnung erfolgt daher nicht mit vereinfachten angenäherten Geometriemodellen, sondern auf Basis der realen Bauteilform. Da die Kollisionsrechnung bei realitätsnahen Geometriemodellen sehr aufwendig werden kann, ist die Zahl der zu betrachtenden Objekte von vornherein soweit wie möglich einzuschränken.

Nach der Positionierung einer Komponente werden daher nur die Objekte einer Kollisionsbetrachtung unterzogen, die in der Umgebung des umpositionierten Objekts liegen. Hierzu werden die umhüllenden Kugeln aller Objekte des Layouts auf Kollision mit der des positionierten Objektes überprüft. Da bei diesem sogenannten Kugeltest nur die Radien der Hüllkugeln und deren Mittelpunktsentfernungen zu überprüfen sind, kann diese Vorauswahl sehr schnell durchgeführt werden (Bild 5.9).

Grundlage der weiteren Kollisionserkennung ist der in [SCHR 92] beschriebene Kollisionstest. Nach der Vorauswahl der zu untersuchenden Geometriemodelle werden die umschreibenden Quader (Bounding-Boxen) der betroffenen Objekte gegeneinander gerechnet. Alle Objektpaarungen, bei denen hier keine Kollision auftritt können aus der weiteren Betrachtung ausgeschlossen werden. Alle Paarungen, bei denen sich die umhüllenden Quader schneiden, werden einem anschließend Flächentest unterzogen (vgl. Bild 5.9).

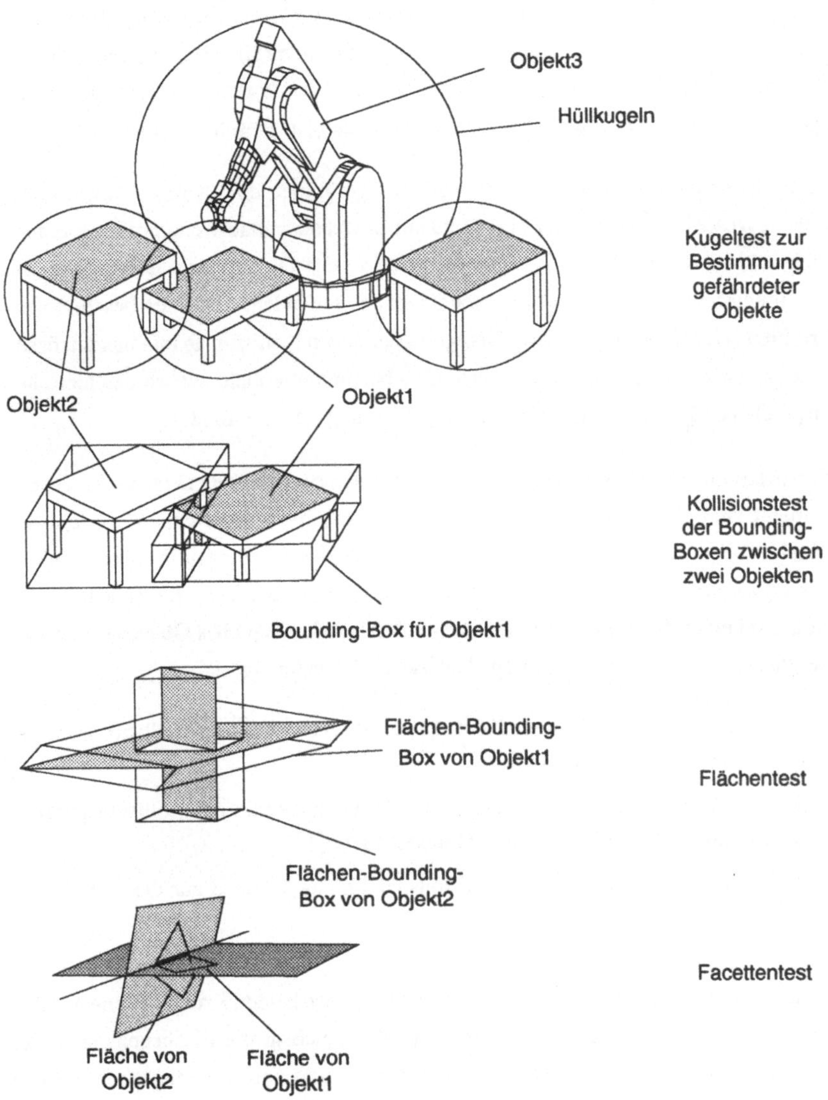

Bild 5.9: Erfassung von Kollisionen bei der Objektpositionierung

Bei diesem Flächentest wird für jede Fläche eines jeden Kollisionspartners ein umhüllender Quader berechnet. Anschließend werden alle Flächen-Bounding-Boxen der beiden Kollisionspartner auf eine Überlappung hin überprüft. Flächen, deren Bounding-Boxen sich nicht mit mindestens einer des anderen Objekts schneiden, gelten als ungefährdet und können von der weiteren Betrachtung ausgeschlossen werden.

Die verbleibenden Flächen gelten als kollisionsgefährdet, eine Kollision kann nicht sicher ausgeschlossen werden. Für sie muß nun ein rechenzeitaufwendiger Facettentest durchgeführt werden (Bild 5.9). Eine Kollision zweier Objekte liegt dann vor, wenn sich mindestens zwei der betrachteten Flächen schneiden. Das hier beschriebene Verfahren bricht allerdings bei der Detektion der ersten Kollision ab und meldet diese. Diese binäre Information reicht für eine Gütebestimmung nicht aus, so daß hier eine entsprechende Erweiterung der Kollisionserkennung erfolgen muß.

Hierzu darf die Berechnung nicht bei der ersten kollisionsbehafteten Fläche abbrechen. Vielmehr sind alle gefährdeten Flächen zu untersuchen und die genaue Anzahl der kollisionsbehafteten Flächen zu ermitteln, um anhand derer einen qualitativen Kollisionswert zu errechnen. Da die Geometriebeschreibung in USIS durch Flächenmodelle erfolgt, scheidet das Schnittvolumen zweier Körper als mögliches Gütekriterium aus. Die Flächenbeschreibung läßt beispielsweise die Berechnung

- des Verhältnisses des Flächeninhalts eines Objekts innerhalb des Kollisionspartners zur Gesamtoberfläche des Objekts,
- des Verhältnisses der Flächenzahl eines Objekts innerhalb des Kollisionspartners zur Gesamtzahl der Flächen eines Objekts, oder
- des Verhältnisses der Anzahl kollisionsgefährdeter Flächen zur Gesamtflächenzahl des betrachteten Objekts

als Äquivalent für den Grad der Kollision zu. Die letzten beiden Kriterien können dabei nur einen Anhaltswert liefern, da sie ungefähr gleich große Flächenelemente der betrachteten Objekte voraussetzen. Aus diesem Grund soll der erstgenannte Punkt weiterverfolgt werden.

Die Oberfläche eines USIS-Objektes besteht aus einer bestimmten Anzahl von Flächenelementen. Kommt es zu einer Kollision zweier Objekte, so liefert die erweiterte

Kollisionsrechnung alle kollisionsbehafteten Flächen. Alle anderen Flächen werden nicht geschnitten. Sie liegen entweder vollständig innerhalb oder vollständig außerhalb des Kollisionspartners. Demzufolge reicht für diese Entscheidung die Überprüfung eines einzelnen beliebigen Punktes der Fläche aus. Hierzu werden die Koordinaten des gewählten Punktes der Fläche nacheinander in das Flächenkoordinatensystem aller Flächen des Kollisionspartners transformiert. In USIS gilt die Konvention, daß alle Flächennormalen eines Objekts in das Objektinnere zeigen (vgl. [WRBA 90]). Eine Fläche liegt im Objektinneren, wenn der betrachtete Punkt für alle Objektflächen des Kollisionspartners positive Werte in Richtung der z-Achsen aller Flächenkoordinatensysteme hat, ansonsten außerhalb des untersuchten Objekts (Bild 5.10).

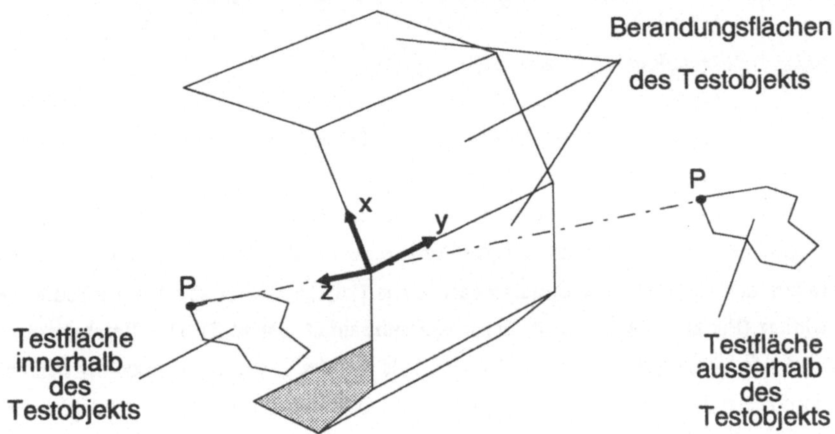

Bild 5.10: Einteilung von Flächen innerhalb und außerhalb des Kollisionspartners

Die kollisionsbehafteten Flächen lassen sich nach einer Ermittlung der Schnittkontur ebenfalls in einen vollständig innerhalb und einen vollständig außerhalb liegenden Anteil zerlegen und analog behandeln.

Die Flächeninhaltsberechnung stellt die Grundlage für die Quantifizierung einer Kollision dar. Da alle USIS-Objekte aufgrund der verwendeten Geometrieschnittstelle aus planaren Flächen bestehen, kann bei der Flächeninhaltsberechnung zweidimensional gerechnet werden. Hierzu müssen allgemeine Polygone mit beliebiger Eckpunktzahl berechnet werden, die sowohl konvex, als auch konkav sein können. In [CAPS 84,

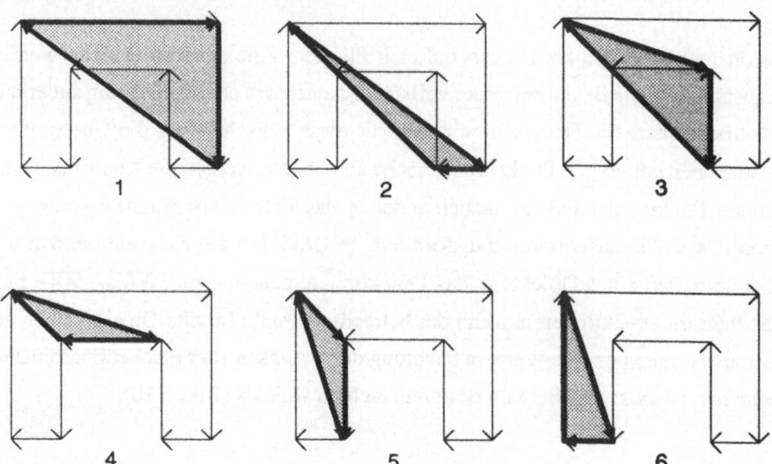

Bild 5.11: Flächeninhaltsberechnung

WALL 84] werden Methoden zur Flächeninhaltsbestimmung beliebiger, ungelochter Polygone vorgestellt. Ausgehend von einem beliebigen Eckpunkt des Polygons werden nacheinander die schraffierten Dreiecksflächen berechnet (Bild 5.11). Haben die Vektoren dieses Dreiecks, die mit einer Teilstrecke der Polygonumrandung zusammenfallen, dort den gleichen Umlaufsinn wie das Polygon selbst, so wird die Teilfläche addiert (Punkt 1,2,4,5 und 6), ansonsten subtrahiert (Punkt 3). Das Ergebnis eines Umlaufs ist dann der gesuchte Flächeninhalt. Bei der Behandlung gelochter Flächen wird zuerst der Flächeninhalt der Außenkontur bestimmt, anschließend der der Löcher. Aus der Differenz zwischen dem Flächeninhalt der Außenkontur und dem der Löcher ergibt sich der des gelochten Polygons. Die Informationen darüber, welche Fläche wieviele Löcher enthält und welche Form diese haben, kann aus der USIS-Geometriebeschreibung entnommen werden.

Für die quantitative Erfassung einer Kollision während der Optimierungsrechnung wurden aus Rechenzeitgründen folgende unterschiedliche Genauigkeitsstufen implementiert:

- Verhältnis der Oberfläche der geschnittenen Flächen zu Gesamtoberfläche. Die Schnittflächen werden nach Bestimmung der Schnittkontur mitberücksichtigt.

- Verhältnis des Flächeninhalts der Flächen, die vollständig im anderen Objekt enthalten sind zur Gesamtoberfläche. Die Schnittflächen bleiben unberücksichtigt.
- Verhältnis der Zahl der innerhalb des Kollisionspartners liegenden Flächen zu der Gesamtzahl der Flächen.
- Kollisionsrechnung bis zum ersten Schnitt zweier Flächen. Zusätzlich wird das Verhältnis kollisionsgefährdeter zu ungefährdeten Flächen bewertet.
- Verhältnis der kollisionsgefährdeten Flächen zu den ungefährdeten Flächen.
- Kollisionskriterium ganz abschalten.

Der Rechenzeitaufwand nimmt bei dieser Aufstellung von oben nach unten ab. Bei der Erprobung des Optimierungsmoduls hat sich eine Kollisionskontrolle nach der zweiten Möglichkeit als effektiver Kompromiß zwischen Rechenzeitaufwand und Genauigkeit der Kriterienermittlung erwiesen. Auf den Rechenzeitbedarf wird im anschließenden Beispielkapitel noch eingegangen.

Neben dem wichtigen Kollisionskriterium kann auch die Einhaltung bestimmter Suchräume ein Auslegungskriterium sein. Hierbei wird überprüft, ob alle Komponenten des vorgeschlagenen Parametervektors innerhalb bestimmter Gültigkeitsgrenzen liegen. Ist dies nicht der Fall, wird der Betrag der Überschreitung ermittelt.

Sperrzonen sind räumliche Gebiete, die bei einer Positionsoptimierung aus bestimmten Gründen nicht belegt werden dürfen, beispielsweise Fahrwege für Transportsysteme oder Gebäudeteile. Ihre Einhaltung kann mit der oben beschriebenen Kollisionsrechnung erzwungen werden, indem diese Zonen durch einfache geometrische Modelle, beispielsweise Quader, Kugeln oder Zylinder, beschrieben werden.

5.4 Implementierung der Optimierungsumgebung

5.4.1 Einbindung der Optimierungsverfahren

Optimierungsverfahren variieren einzelne Parameter einer Funktion nach verschiedenen spezifischen Strategien mit dem Ziel, einen Extremwert der untersuchten Funktion zu finden. Für die automatisierte 3D-Layoutoptimierung ist die Zielfunktion durch das parametrisierte Modell einer Produktionszelle gegeben. Die Optimierungsalgorithmen selbst haben in der Regel keinerlei Informationen über die physikalische Bedeutung der einzelnen Parameter, sondern beobachten nur die Auswirkung deren Veränderungen. Um Standardverfahren unverändert in das Gesamtsystem einbinden zu können, ist eine Schnittstelle zwischen beiden Systemen notwendig (Bild 5.12). Innerhalb dieser Schnittstelle werden die anwendungsneutralen Parameterwerte entsprechend ihrer physikalischen Bedeutung interpretiert und den jeweiligen Objekten zugeordnet. Um nicht für jedes Optimierungsverfahren eine eigene Schnittstelle einsetzen zu müssen, wurde diese mit der Berechnung des Zielfunktionswertes verknüpft. Alle

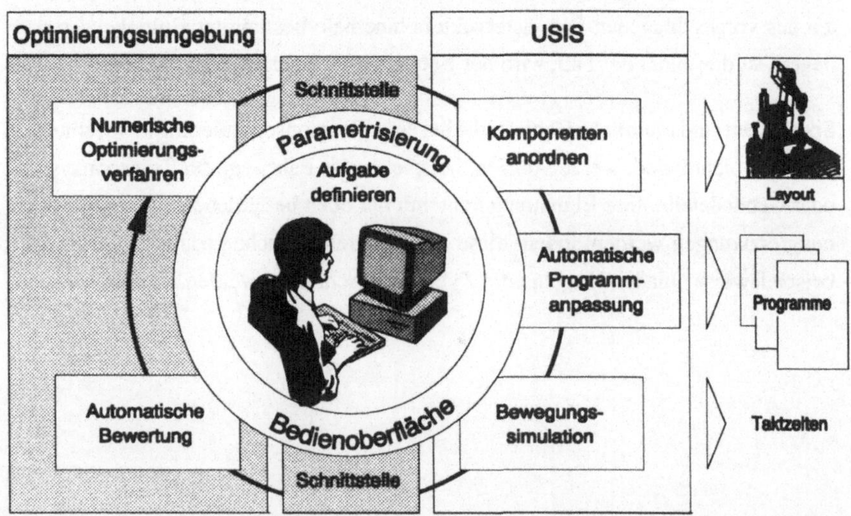

Bild 5.12: Einordnung der Optimierungsumgebung in das Gesamtkonzept

implementierten Verfahren bedienen sich einer identischen Gütewertfunktion. Von hier aus erfolgt zentral die

- Interpretation der vorgeschlagenen Parameterwerte,
- die Objektpositionierung in der Simulation,
- die Programmanpassung in der Simulation,
- die Zielgrößenermittlung in der Simulation und schließlich die
- Zielgrößenbewertung und Gütewertberechnung in der Optimierungsumgebung.

Dabei müssen für jede Klasse von Optimierungsverfahren einige Besonderheiten beachtet werden.

5.4.1.1 Einbindung von Vektoroptimierungsverfahren

Vektoroptimierungsverfahren stellen der Zielfunktion die Einflußparameter in Form eines Parametervektors zur Verfügung. Im Fall der 3D-Simulation wird die Position einer Komponente durch die drei Koordinaten x, y, z und die drei Orientierungswinkel *al*, *be* und *ga* beschrieben. Für die vollständige Standortbeschreibung eines Objektes wird also ein Vektor mit sechs Komponenten benötigt. Bei der Standortoptimierung können aufgrund von Einschränkungen aber nicht immer alle sechs Koordinaten einer Positionsangabe frei variiert werden. Andererseits ist eine gleichzeitige Standortoptimierung mehrerer Objekte vorzusehen, so daß auch eine gesamte Zellenkonfiguration variiert werden kann. Der Parametervektor kann also von Fall zu Fall unterschiedlich lang sein.

Zur die Realisierung einer derart flexiblen Schnittstelle wurde eine Beschreibung gewählt, bei der die Gesamtparameteranzahl auf das absolut nötige Maß reduziert wird. In einem Steuervektor, der die vielfache Länge der maximal möglichen Eingangsparameter für ein Objekt hat, wird binär abgelegt, welche Parameter in der Modellbeschreibung zu ersetzen sind und welche nicht (Bild 5.13). Der neutrale Parametervektor des Optimierungsalgorithmus wird komponentenweise mit diesem Steuervektor verglichen. Überall da, wo eine aktive Komponente des Steuervektors gefunden wird (Steuervektor hat einen Wert ungleich Null), wird die zugehörige Koordinate der

Positionsangabe durch den entsprechenden Wert des Parametervektors ersetzt. Bei inaktiven Einträgen wird der ursprüngliche Koordinatenwert übernommen. Auf diese Weise können sowohl beliebige Koordinaten konstant gehalten werden, als auch einzelne Standortkoordinaten gezielt innerhalb bestimmter Grenzen variiert werden. Ergebnis ist ein erweiterter Parametervektor, der für jedes Objekt eine vollständige Standortbeschreibung enthält.

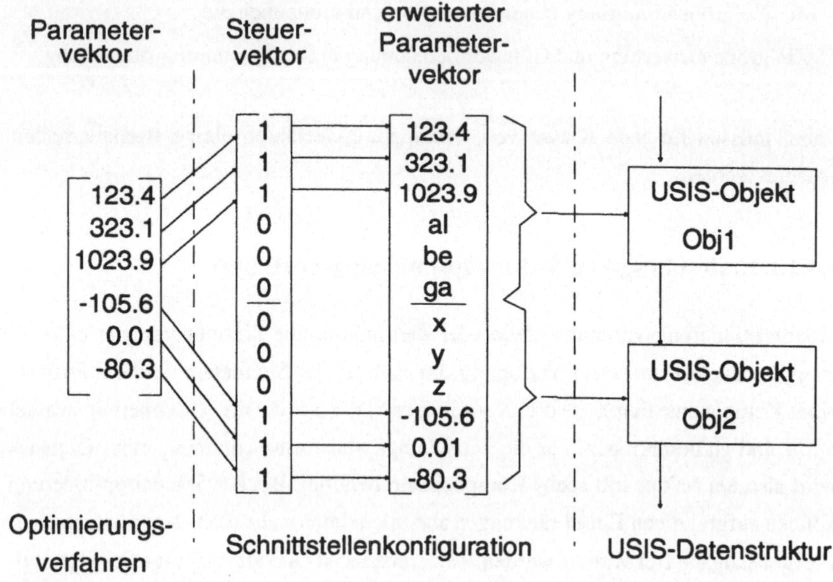

Bild 5.13: Schnittstelle zwischen Optimierungsverfahren und 3D-Simulationssystem

Nach Vorgabe der Parameter werden innerhalb des 3D-Simulationssystems alle möglichen Zielgrößen berechnet und in Form eines Vektors bereitgestellt. In der Schnittstelle zwischen dem 3D-Simulationssystem USIS und der Optimierungsumgebung werden nur die für den Planer relevanten Zielgrößen ausgefiltert und in Form eines Zielgrößenvektors an die Optimierungsumgebung zurückgegeben. Welche Kriterien vom Planer berücksichtigt werden sollen, wird ebenfalls mit Hilfe eines analog aufgebauten Steuervektors festgehalten. Die Konfiguration dieser Steuervektoren erfolgt automatisch innerhalb des Parametrisierungsmoduls, während der grafisch-interaktiven Erzeugung des Eingabedatensatzes durch den Planer.

5.4.1.2 Einbindung von Permutationsverfahren

Permutationsverfahren können zur Optimierung von Reihenfolgeproblemen oder Raumzuordnungsproblemen eingesetzt werden. Durch Austauschen verschiedener Komponentenstandorte kann so nach einer optimalen Grundkonfiguration gesucht werden. Im Unterschied zu Vektoroptimierungsverfahren werden dabei nicht die Positionen selbst verändert, sondern komplette Standortangaben vertauscht. Ein typisches Beispiel für derartige Problemstellungen kann der Einsatz einer flexiblen Trägerpalette mit einer bestimmten Anzahl genormter Steckplätze für Montagemodule sein [SCHM 91a]. Der Planer hat die Aufgabe die Montagemodule so auf der Palette anzuordnen, daß sich bei der Programmausführung ein Optimum hinsichtlich der gewählten Zielgrößen ergibt.

Zur Integration dieser Verfahren über die bereits beschriebene vektororientierte Schnittstelle muß die Zuordnung zwischen einzelnen Zellenkomponenten und den entsprechenden Basiskomponenten in Form eines Parametervektors durchgeführt werden. Bild 5.14 zeigt zwei Montagemodule, die auf verschiedene Basiselemente einer Trägerpalette gesteckt werden können, von denen aus sie über genormte Verbindungen mit Strom und Druckluft versorgt werden. Zwischen den Montagemoduln und den genormten Steckplätzen ist immer nur eine bestimmte konstruktiv festgelegte Relativanordnung möglich. Diese Relativanordnung ist unabhängig von der Optimierungsrechnung in der Modellbeschreibung jeder einzelnen Komponente gespeichert. Vom Permutationsverfahren wird nun vorgegeben, welche Komponente auf welches Basiselement zu setzen ist (vgl. Bild 5.14). Aus dem Standort des Basiselementes und der konstruktiv bedingten Relativanordnung zwischen Basiskomponente und dem betrachteten Montagemodul läßt sich dann der Standort des Montagemoduls nach (3.1) berechnen. Nachdem diese Berechnung für alle zu plazierenden Komponenten durchgeführt worden ist, können die Standortkoordinaten in der gewünschten Vektorform dargestellt und über die bereits beschriebene Schnittstelle in das Simulationssystem eingebracht werden.

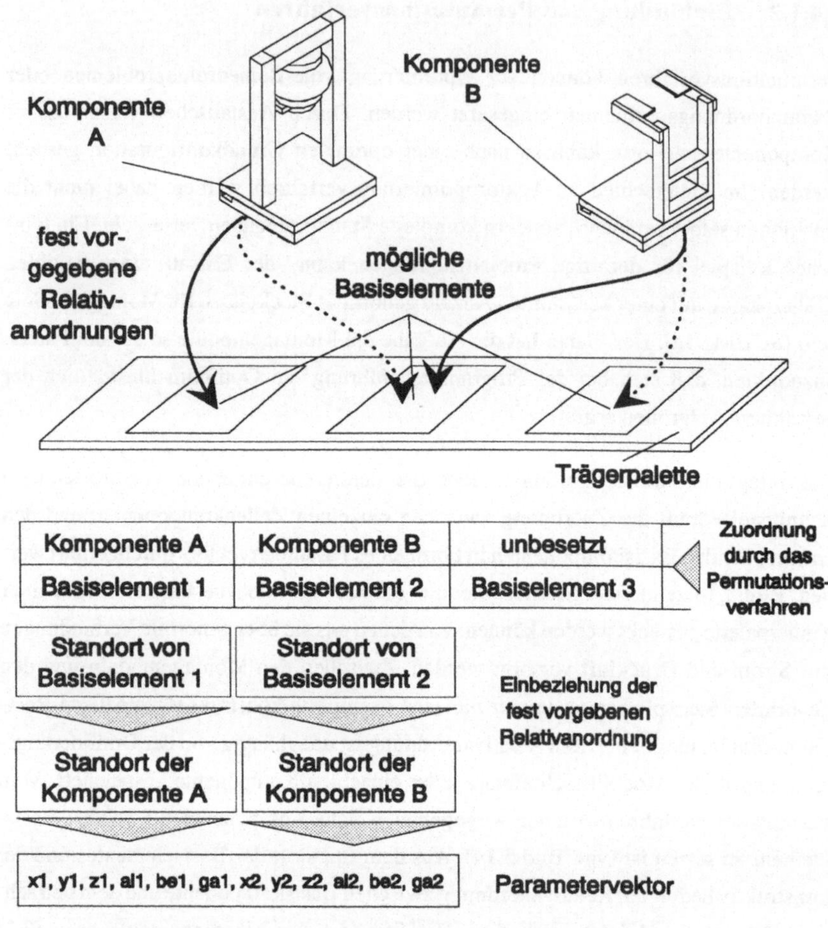

Bild 5.14: Einbindung von Permutationsverfahren in die Optimierungsumgebung

5.4.1.3 Einbindung genetischer Verfahren

Die bereits vorgestellten genetischen Optimierungsverfahren arbeiten nicht direkt mit Zahlenwerten, sondern mit deren Binärcodierung. Die Länge dieser Codierung gibt an, wie genau der Zahlenbereich zwischen Parameterunter- und -obergrenze verschlüsselt werden kann (vgl. Kapitel 2). Sollen Mehrparameterprobleme bearbeitet werden, ist die Länge der Codierung entsprechend der Parameterzahl zu vervielfachen. Jede Teilzeichenkette kann anschließend durch die Umrechnung von der Binärdarstellung in eine natürliche Zahl decodiert werden (Bild 5.15). Nach einer Skalierung auf den gewünschten Wertebereich können die sich ergebenden reellen Zahlen als Komponenten eines Parametervektors eingetragen werden. Dieser kann über die beschriebene Schnittstelle an das Simulationssystem übergeben werden. Innerhalb des Simulationssystems wird dann, wie bei allen anderen Optimierungsverfahren auch, der zugehörige Gütewert berechnet, der anschließend quasi als Wert für die Überlebenswahrscheinlichkeit zurückgegeben wird. Diese Rechenschritte werden für jedes Individuum der Population durchgeführt, um anschließend mit Hilfe der genetischen Operatoren (vgl. Kapitel 2) eine neue Generation zu erzeugen.

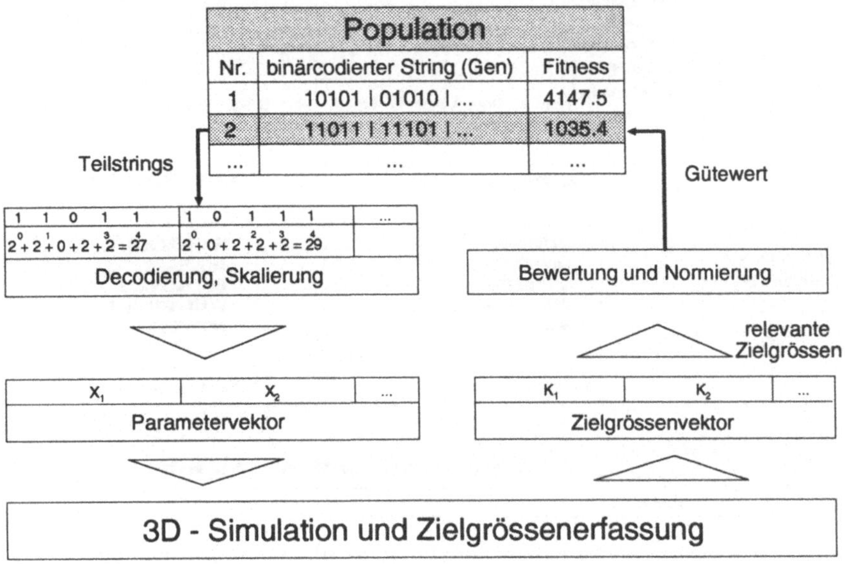

Bild 5.15: Einbindung genetischer Optimierungsverfahren

Mit genetischen Verfahren lassen sich aber auch Aufgabenstellungen aus dem kombinatorischen Bereich bearbeiten. Ein Beispiel hierfür kann das Auffinden einer optimalen Bewegungsabfolge beim Einsatz zweier kooperierender Roboter sein. In Bild 5.16 ist hierzu nochmals die Programmerzeugung mit Hilfe der relativen Bewegungsprogrammierung aus Kapitel 5.2.2 dargestellt. Allerdings wird hier im Gegensatz zur

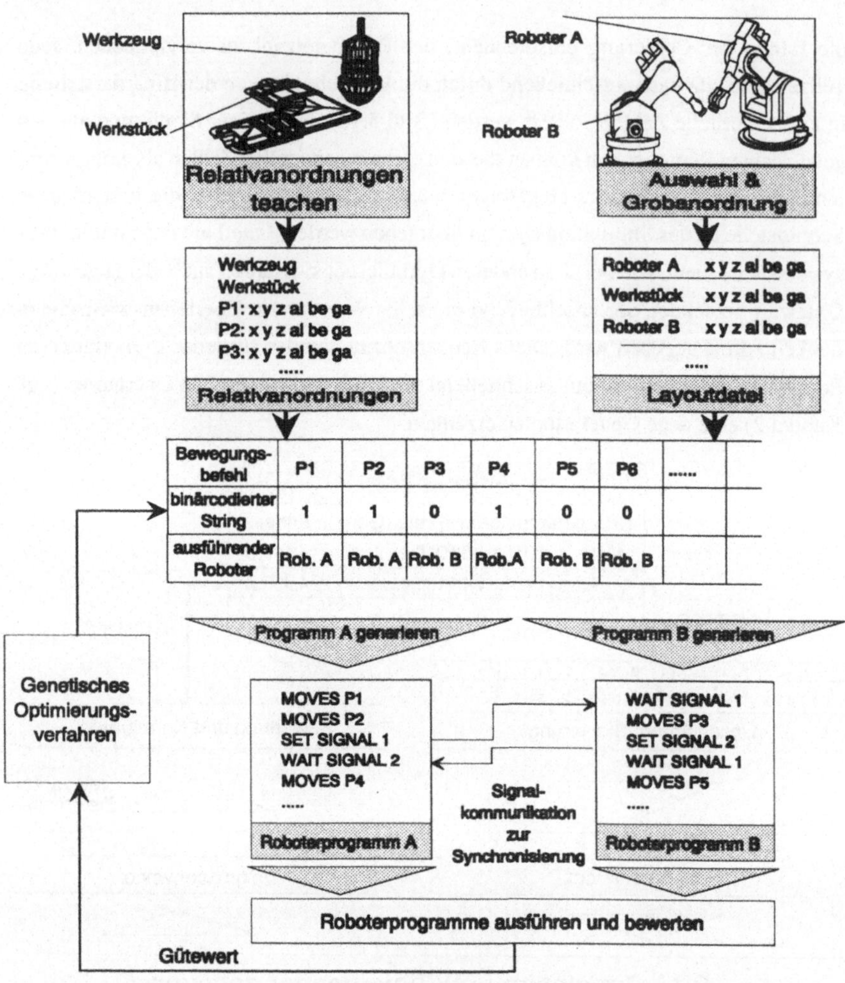

Bild 5.16: Optimierung der Bewegungsreihenfolge mit genetischen Verfahren

Darstellung von Bild 5.4 die Festlegung der Bewegungsabfolge nicht mehr interaktiv vom Planer vorgegeben, sondern von einem genetischen Optimierungsverfahren. Die Binärcodierung der Parameter kann hier sogar direkt übernommen werden, eine Umrechnung in Zahlenwerte, wie bei der Standortoptimierung, muß nicht mehr erfolgen. Die Länge des zu bearbeitenden "Chromosoms" ergibt sich aus der Anzahl der durchzuführenden Bewegungssätze. Eine "1" bedeutet, daß der werkzeugführende

Roboter (hier Roboter A) den jeweiligen Befehl ausführen soll, eine "0" entsprechend der werkstückführende Roboter (hier Roboter B), wobei diese Notation willkürlich ist. Ausgehend von der roboterneutralen Bewegungsbeschreibung und der vom Optimierungsverfahren vorgeschlagenen Bewegungsreihenfolge werden die Roboterprogramme zusammen mit der Signalkommunikation automatisch erzeugt, ausgeführt und bewertet. Der Gütewert wird wieder an das Optimierungsverfahren zurückgegeben, wo dann eine neue Bewegungsreihenfolge bestimmt wird.

5.4.2 Das Bewertungsmodul

Das Bewertungsmodul stellt die Schnittstelle zwischen den Optimierungsverfahren und der 3D-Simulation dar. Die Hauptaufgaben dieses Moduls liegen in

- der simultanen Gewichtung und Normierung einzelner Zielgrößen,
- der Bewertung von Randbedingungen und
- der Bildung eines repräsentativen Gütewertes.

5.4.2.1 Gewichtung und Normierung einzelner Zielgrößen

Die Qualitätsbestimmung erfolgt durch die Bewertung der im vorangegangenen Abschnitt dargestellten Zielgrößen. Dabei kann der Planer ganz allgemein einzelne Kriterien durch Angabe von Gewichtungsfaktoren höher bewerten als andere, beispielsweise wenn eine kurze Taktzeit wichtiger ist als eine geringe Antriebsleistung. Für manche Kriterien reicht diese globale Bewertung nicht aus, da der Verlauf eines Gütekriteriums über einem bestimmten Gültigkeitsintervall ausschlaggebend ist. Die verschiedenen Zielgrößen müssen dann hinsichtlich ihres gültigen Wertebereichs unterschieden werden. Zielgrößen, die prinzipiell unbeschränkt sind und deren Ergebnis nur durch die Länge des zu bearbeitenden Bewegungs- oder Meßprogramms bestimmt werden, sind unter anderem

- die Taktzeit,
- die Achswinkelsummen,
- oder der Energieverbrauch bei der Programmausführung.

Für die Bewertung dieser Kriterien reicht die Summation der Teilergebnisse aus den Berechnungen eines Bewegungsbefehls aus, wobei nur Start- und Zielposition der Bewegung berücksichtigt werden müssen.

Im Gegensatz hierzu stehen Zielgrößen, die für jeden Bewegungsbefehl nur zwischen einer festen Intervallober- und -untergrenze Gültigkeit haben, wie

- die Achswinkelstellung einer Roboterachse,
- die Länge des Meßstrahls bei einer Messung mit einem Lasersensor,
- die möglichen Motormomente von Roboterantrieben,
- oder die Erreichbarkeit von Roboterzielframes.

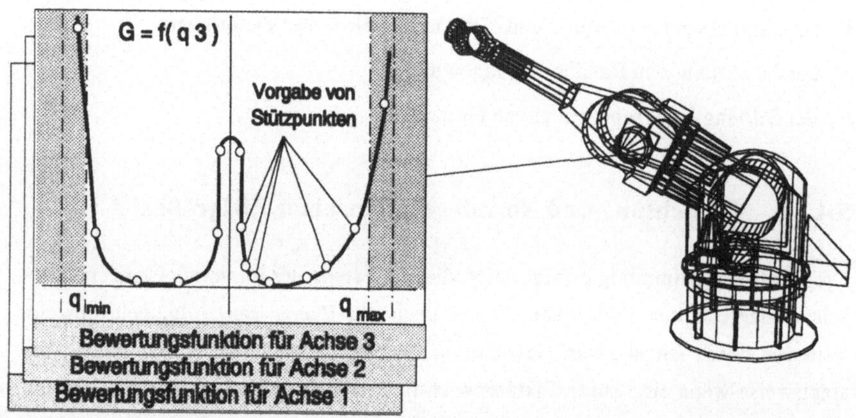

Bild 5.17: Bewertung der Achswinkelstellung für die 3.Achse eines Roboters

Eine konstante Gewichtung eines Zielkriteriums über dessen gesamten Gültigkeitsbereich ist hier nicht ausreichend. Diese Kriterien sind in der Regel an den Intervallgrenzen schlechter zu bewerten, als in der Mitte des Gültigkeitsbereichs. Bild 5.17 zeigt beispielsweise die Bewertung der Achsstellung der dritten Achse eines Roboters innerhalb ihres zulässigen Wertebereichs. Bei diesem Beispiel werden Werte im Bereich der Achsanschläge höher und damit schlechter bewertet. Auch Stellungen im Bereich um die Achsnullage erhalten eine schlechtere Bewertung, da hier eine kinematisch ungünstige Armstellung durchfahren wird, die im allgemeinen zu vermeiden ist.

Die Bewertung der berechneten Zielgrößen muß diesbezüglich zu unterschiedlichen Zeitpunkten erfolgen. In der gegenwärtigen Implementierungsstufe kann die Bewertung

- global nach Durchführung der gesamten Bewegung,
- jeweils nach Ausführung eines Bewegungsbefehls und
- während des simulierten Bewegungsablaufs (z.B.: nach einem Interpolationstakt der simulierten Steuerung) durchgeführt werden.

Bei einer **globalen Bewertung** am Ende einer Programmabarbeitung wird die Summe der einzelnen Zielgrößen mit einem Gewichtungsfaktor multipliziert. Damit lassen sich verschiedene Zielgrößen unterschiedlich stark in die Bildung des Gesamtgütewertes einbringen.

Durch die zusätzliche Bewertung der Zielgrößen **nach der Ausführung des Bewegungsbefehls** lassen sich einzelne Kriterien innerhalb ihres Gültigkeitsintervalls bewerten. Auf diese Weise kann beispielsweise verhindert werden, daß die Lage einzelner Zielframes eines Roboterprogramms zu kritischen Achswinkelkonfigurationen führt.

Bei der Bewertung von Zielgrößen am Start- und Zielpunkt kann zwar eine günstige Achswinkelkonfiguration bei Beginn und Ende der Bewegung erreicht werden, der **Bewegungsablauf** selbst wird aber außer Acht gelassen. Sollen unter anderem auch Kollisionen, dynamische Belastungen oder kinematisch ungünstige Armkonfigurationen während der Bewegungsausführung erfaßt und bewertet werden, muß eine Zielgrößenbewertung (analog zur Zielgrößenermittlung) für eine ausreichende Zahl von Interpolationspunkten der Roboterbahn durchgeführt werden. Die verschiedenen Bewertungszeitpunkte sind in Bild 5.18 nochmals dargestellt.

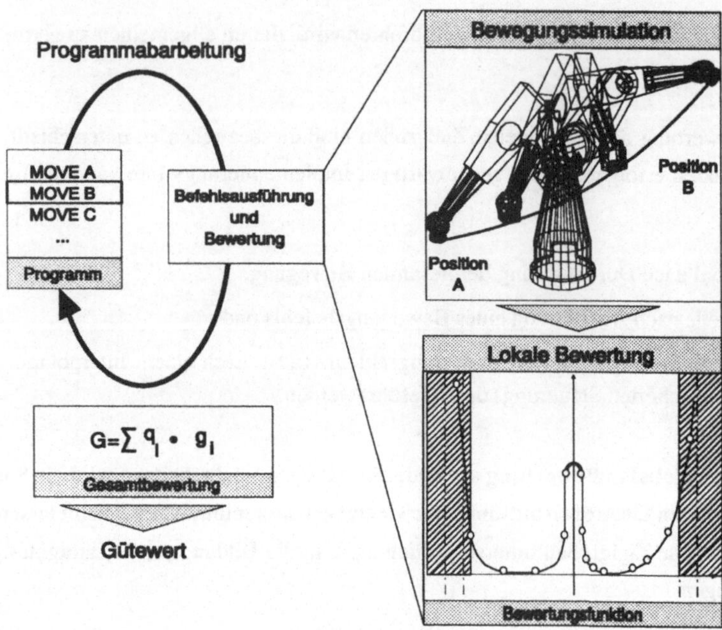

Bild 5.18: Unterschiedliche Zeitpunkte für die Bewertung von Zielkriterien

5.4.2.2 Bewertung von Restriktionsverletzungen

Zusätzlich zur Bewertung der Zielgrößen sind eine Reihe von Randbedingungen zu berücksichtigen, die sich in

- Restriktionsverletzungen der Gültigkeitsbereiche der Zielgrößen (z.B.: Vorgabe einer maximalen Taktzeit),
- Restriktionsverletzungen durch den Wert der vorgeschlagenen Parameter (z.B.: bei der Verletzung einer Sperrzone) oder
- Restriktionsverletzungen durch Nichteinhaltung physikalischer Randbedingungen (z.B.: Kollisionen bei der Komponentenanordnung)

aufteilen lassen. Der Strafterm kann mit Hilfe der in Kapitel 3.4.3 vorgestellten Methodik sowohl für die Bewertung von Restriktionsverletzungen bei Zielgrößen, als auch bei der Überschreitung vorgegebener Parametergrenzen oder der Verletzung von

Randbedingungen bestimmt werden. Die Vorgabe der Bewertungsfunktion erfolgt dabei durch die grafisch-interaktive Angabe von Stützpunkten. Der jeweilige Gewichtungsfaktor wird dann mit Hilfe einer Splinefunktion errechnet. Beispiele für derartige Randbedingungen sind unter anderem

- die Überschreitung von Achswinkelgrenzen,
- dynamische Überbelastungen,
- Kollisionen bei der Programmausführung und
- die Einhaltung von Einsichtbereichen für Sensoren oder Werker.

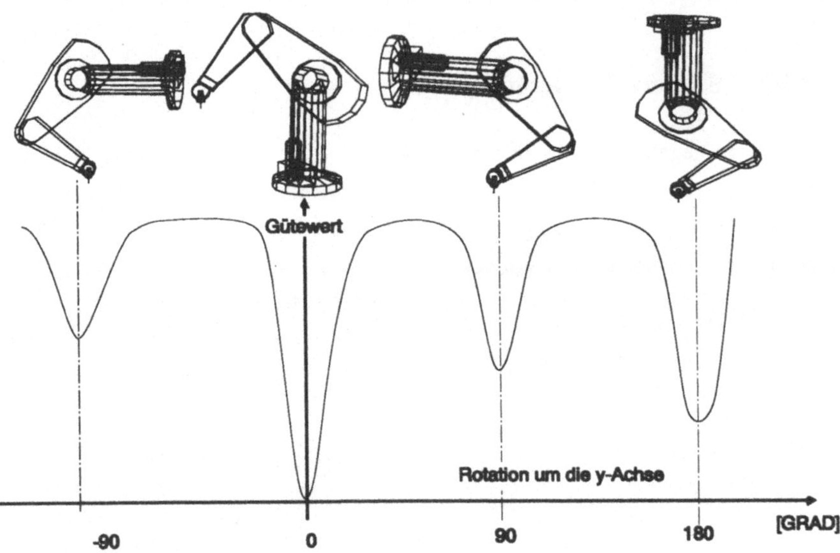

Bild 5.19: Bewertung von Vorzugslagen zur Objektpositionierung

In vielen Fällen kann die Qualität einer Lösungsvariante bereits durch eine Beurteilung der Einflußparameter selbst erfolgen. Zum Beispiel

- die Einhaltung vom Planer vorgegebener Suchräume,
- die Nichteinhaltung von Sperrzonen oder
- auftretende Kollisionen einzelner Komponenten untereinander.

Analog zur beschriebenen Straftermberechnung bei Zielgrößen ist auch hier der Grad der Restriktionsverletzung innerhalb des Simulationsmodells zu erfassen. Für verschiedene Zellenkomponenten sind beispielsweise bestimmte Vorzugslagen einzuhalten, von denen nur innerhalb einer gewissen Toleranz abgewichen werden darf. Eine Rutsche zur Materialzufuhr darf nicht beliebig geneigt angeordnet werden, da das Transportgut ab einem bestimmten Neigungswinkel nicht mehr rutscht. Als Beispiel ist in Bild 5.19 eine Funktion für die Bewertung eines Roboterstandortes dargestellt. Bewertet wird die Verdrehung um die y-Achse. In diesem Fall würde der Planer eine Boden- oder Deckenmontage (Drehung um + oder -180) bevorzugen. Alle anderen Anbringungsmöglichkeiten werden unabhängig von den sich ergebenden Zielgrößen deutlich schlechter bewertet.

5.4.2.3 Bildung des Gesamtgütewertes

In den vorangegangenen Abschnitten wurde auf die Bewertung einer einzelnen Zielgröße eingegangen. Sollen mehrere Zielgrößen gleichzeitig bei der Gütebestimmung berücksichtigt werden, so erfolgt die Bildung des Gesamtgütewertes durch die Addition der einzelnen gewichteten Zielgrößen.

5.5 Das Gesamtsystem

Mit dem hier beschriebenen System zur numerischen Optimierung von dreidimensionalen Produktionszellen wird der Planer beim Auffinden einer möglichst günstigen Zellenkonfiguration weitgehend unterstützt. Die routinemäßige, sehr langwierige und oftmals vergeblich durchgeführte Erzeugung verschiedener Lösungsvarianten durch interaktive Teilschritte kann dabei vollkommen entfallen. Anstelle dessen kann der Planer die Optimierungsaufgabe über entsprechende Menüs definieren und dann einen automatischen Optimierungslauf starten. Ergebnis einer solchen Optimierungsrechnung ist ein verbessertes Zellenlayout mit den zugehörigen Steuerungsprogrammen.

Die Implementierung des hier beschriebenen Systems (Bild 5.20) ist weitgehend abgeschlossen. Die Anwendungsmöglichkeiten der Layoutoptimierung sollen im nächsten Abschnitt anhand einiger Beispiele aus dem Bereich der Produktionstechnik gezeigt werden.

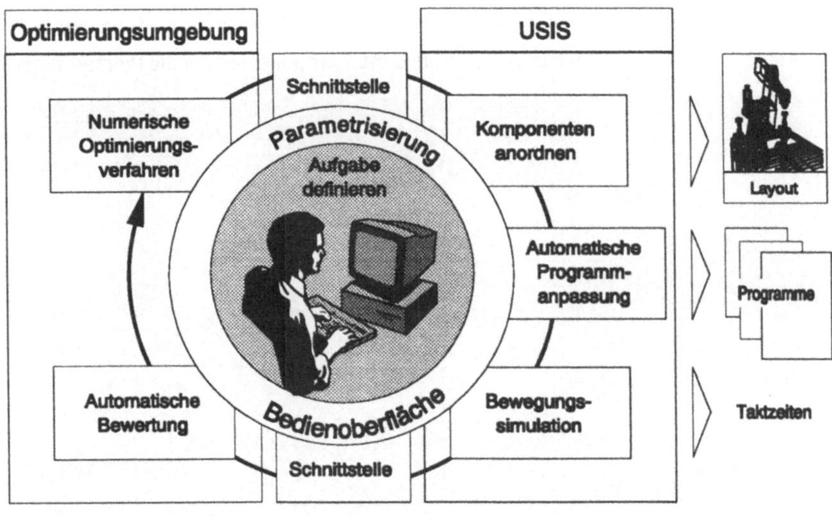

Bild 5.20: Anwendung des Optimierungspakets in Verbindung mit der 3D-Simulation

6 Anwendungsbeispiele

6.1 Layoutoptimierung einer flexiblen Montagezelle

6.1.1 Anordnungsoptimierung von Roboter und Peripherie

Bild 6.1 zeigt die Ausgangsvariante einer Montagezelle aus dem Bereich der Kleingerätemontage. Mit Hilfe dieser flexibel automatisiert rüstbaren Zelle können drei verschiedene Produkte montiert werden, nämlich ein Reihenschalter, ein Pneumatikventil und ein Bohrgetriebe. Auf dem linken Grundgestell werden hier alle produktspezifischen Module für die Montage der drei genannten Produkte bereitgestellt. Je nachdem, welches Produkt montiert werden soll, rüstet der linke Roboter die Palette des mittleren Grundgestells mit den notwendigen Komponenten. Der rechte Roboter steht zur Durchführung der Montageaufgabe zur Verfügung. Sind auf der mittleren Palette nicht genügend Steckplätze frei, um einen kollisionsfreien Montagevorgang gewährleisten zu können, so lassen sich einzelne Komponenten auf die Palette des ganz

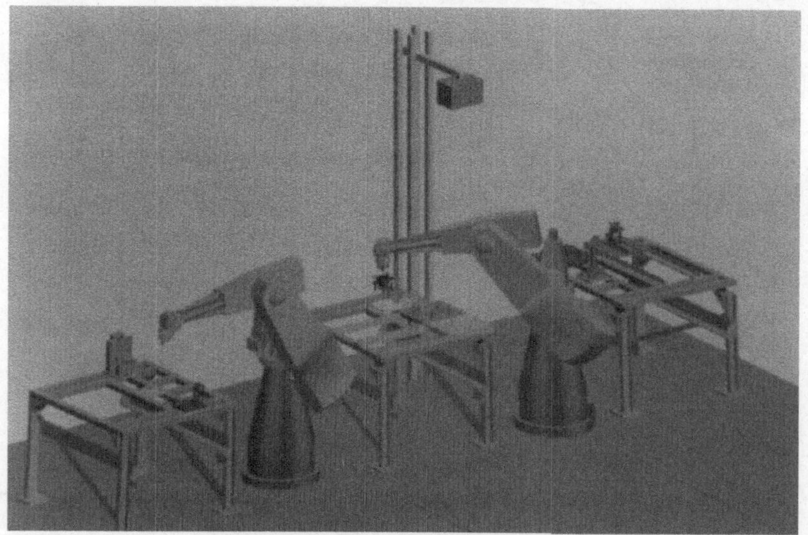

Bild 6.1: Ausgangsvariante einer Montagezelle für die Kleingerätemontage

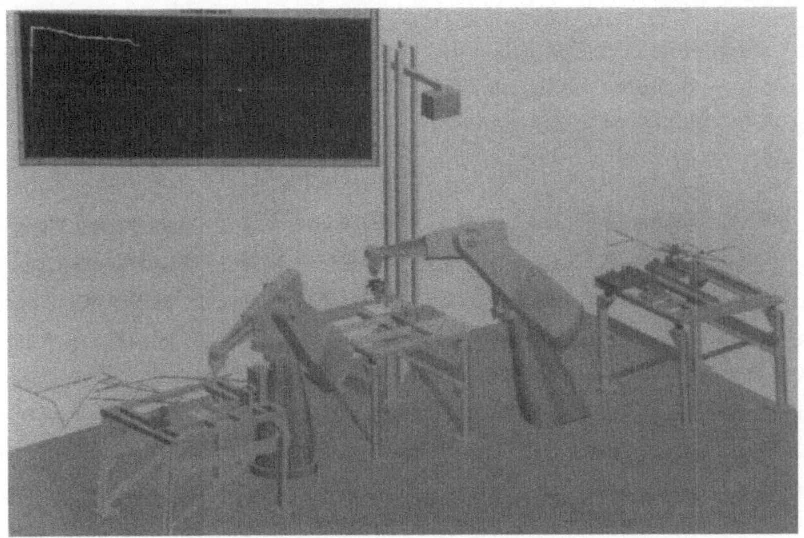

Bild 6.2: Optimierungsfortschritt nach etwa 50 Iterationsschritten

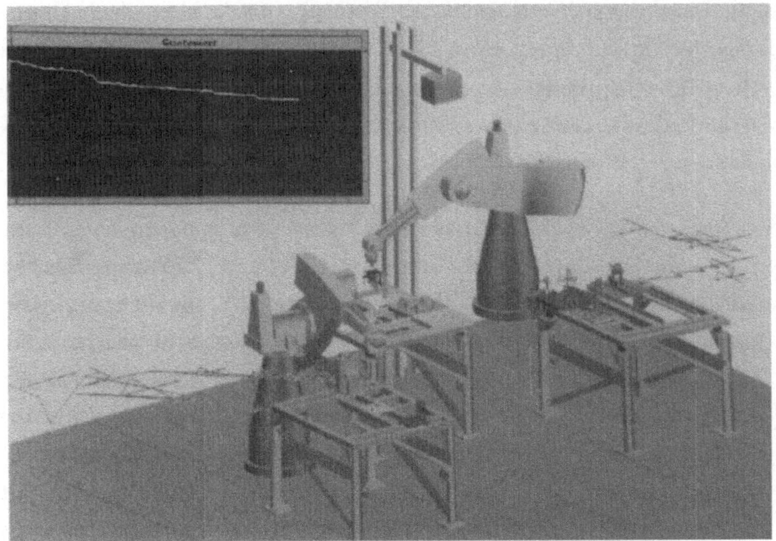

Bild 6.3: Optimiertes Zellenlayout nach 100 Iterationsschritten

rechts angeordneten Grundgestells auslagern. Über der Montagezelle ist ein Lasersensor zur Anwesenheitskontrolle von verschiedenen Bauteilen mit Hilfe eines Mastes angebracht. Auf diesen Sensor wird in einem späteren Beispiel noch genauer eingegangen.

Die hier dargestellte Zellenkonfiguration wurde vom Planer mit interaktiven Plazierungsfunktionen erstellt. Die Roboterprogramme für den Montageablauf konnten dabei mit Hilfe der konventionellen Off-Line-Programmierung erzeugt werden. Eine beispielhafte Aufgabenstellung ist es nun, das rechte und linke Grundgestell, sowie den linken Roboter so anzuordnen, daß sich ein Minimum hinsichtlich der Achswinkelsummen und der Ausführungszeit ergibt [WOEN 92b, WOEN 92c]. Bei der Parametervariation hat der Planer in diesem Beispiel für den Roboter alle 6 Freiheitsgrade freigegeben, während die Grungestelle nur in der Ebene verschoben und um die z-Achse verdreht werden dürfen. Das gesamte Optimierungsproblem ist damit durch 12 Parameter beschrieben. Als Optimierungsalgorithmus wurde das Hooke-Jeeves-Verfahren gewählt.

In Bild 6.2 ist der Verlauf der Optimierungsrechnung nach ca. 50 Iterationsschritten dargestellt. Dabei ist zur Visualisierung der Parameterveränderungen die dreidimensionale Spur im Layout zu erkennen. Der Optimierungsfortschritt hinsichtlich des Gütewertverlaufs wird parallel in einem zusätzlichen Fenster dargestellt. Je kleiner der Gütewert wird, desto besser ist die gefundene Lösung. Bild 6.3 zeigt die optimierte Lösung nach etwa 100 Iterationsschritten.

Die Auswertung eines Simulationslaufs kann anhand der mitprotokollierten Daten erfolgen. In Bild 6.4 ist beispielhaft der Zielkriterienverlauf für die Achswinkelsummen der ersten bis fünften Achse und die Ausführungszeit dargestellt. Dabei ist insbesondere in Diagramm 1 eine deutliche Verminderung der Achswinkelwege für die erste Achse zu erkennen. Die anderen Diagramme zeigen zum Teil eine Verschlechterung der Ergebnisse, was durch eine unterschiedliche Gewichtung der einzelnen Kriterien begründet ist. Da die ersten Achsen der beiden Roboter hier am meisten Weg zurückzulegen haben, wurden sie in diesem Fall mit der höchsten Gewichtung beaufschlagt. Der Optimierungsfortschritt bezüglich der Programmausführungszeit ist im Diagramm unten rechts aufgezeichnet.

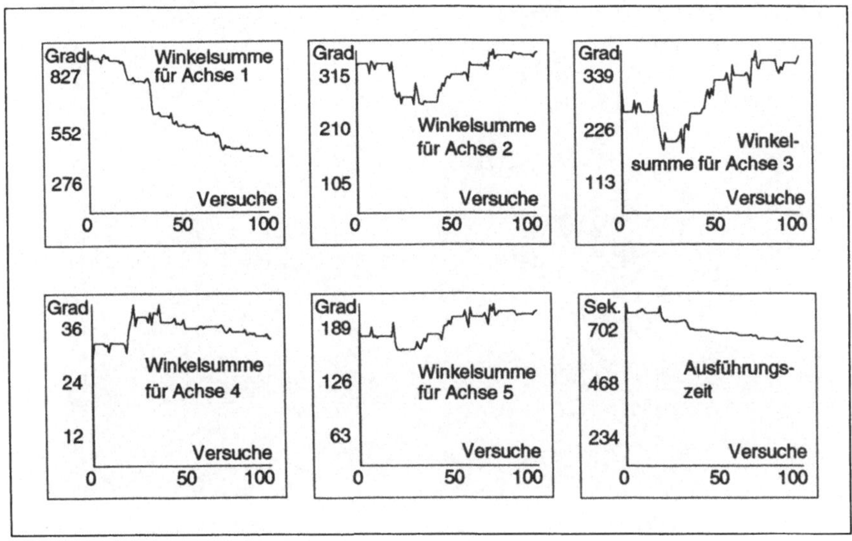

Bild 6.4: Auswertung des Kriterienverlaufs für den Optimierungslauf

6.1.2 Einfluß der Kollisionsrechnung

Die Vermeidung von Kollisionen während der Komponentenanordnung und Programmausführung stellt eine wesentliche Randbedingung dar. Durch Vorgabe fester Suchräume können Kollisionen zwar vorab ausgeschlossen werden und somit die relativ aufwendige Kollisionsrechnung eingespart werden, der Lösungsraum wird aber insbesondere bei der gleichzeitigen Standortoptimierung mehrerer Komponenten unnötigerweise eingeengt.

Bild 6.5 zeigt aus Übersichtsgründen nur den rechten Teil der zuvor beschriebenen Montagezelle für die Kleingerätemontage nach einem Optimierungslauf ohne Kollisionsrechnung. Die gewünschten Kriterien konnten hier zwar wunschgemäß minimiert werden, technisch wäre diese Lösung jedoch nicht realisierbar, da die beiden Grundgestelle und die zugehörigen Paletten kollidieren.

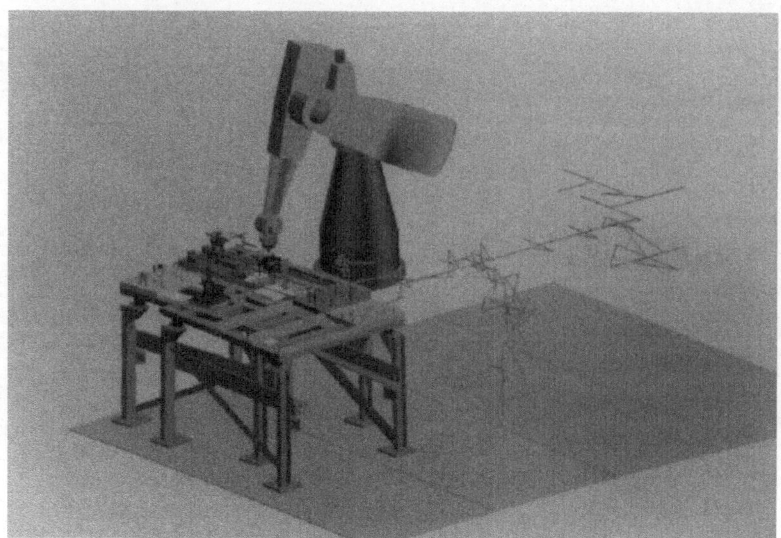

Bild 6.5: Ergebnis der Optimierungsrechnung ohne Kollisionsbewertung

In Bild 6.6 ist das Ergebnis des Optimierungslaufs unter Einbeziehung der Kollisionsbewertung mit ansonsten unveränderten Parametern dargestellt. Die zusätzliche Berücksichtigung der Kollisionsrechnung verlängert die Rechenzeit für die durchzuführenden 170 Iterationsschritte mit der derzeitigen Hardwarekonfiguration von ca. 45 Sekunden auf etwa 3 Minuten.

Bezieht man neben der Kollisionsberücksichtigung zusätzlich einen Sicherheitsabstand kollisionsgefährdeter Flächen in die Bewertung ein, so lassen sich Sicherheitszonen um die einzelnen Objekte berücksichtigen. Bild 6.7 zeigt das Ergebnis der Optimierungsrechnung mit dieser Optionen, wobei auch hier alle anderen Parameter unverändert blieben.

In Bild 6.8 ist zum Vergleich der Gütewertverlauf für die drei Optimierungsläufe aufgetragen. Die Berechnung ohne Kollision liefert hier zwar die besten Ergebnisse, die gefundene Lösung kann aber aus den genannten Gründen nicht realisiert werden. Das Ergebnis bei zugeschalteter Kollisionsrechnung ist zwar schlechter, da die zurückzulegenden Verfahrwege aufgrund der weiter entfernten Paletten länger werden, aber kollisionsfrei und damit umsetzbar. Werden zusätzlich Sicherheitszonen berücksich-

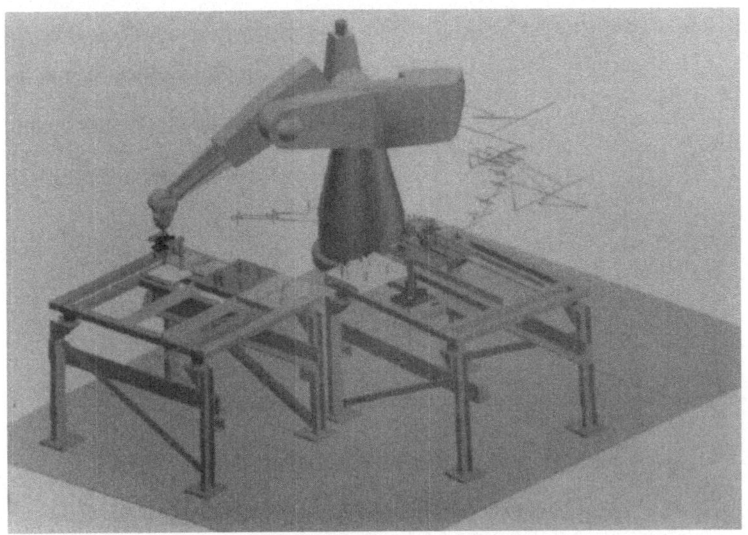

Bild 6.6: Ergebnis der Optimierungsrechnung mit Kollisionsbewertung

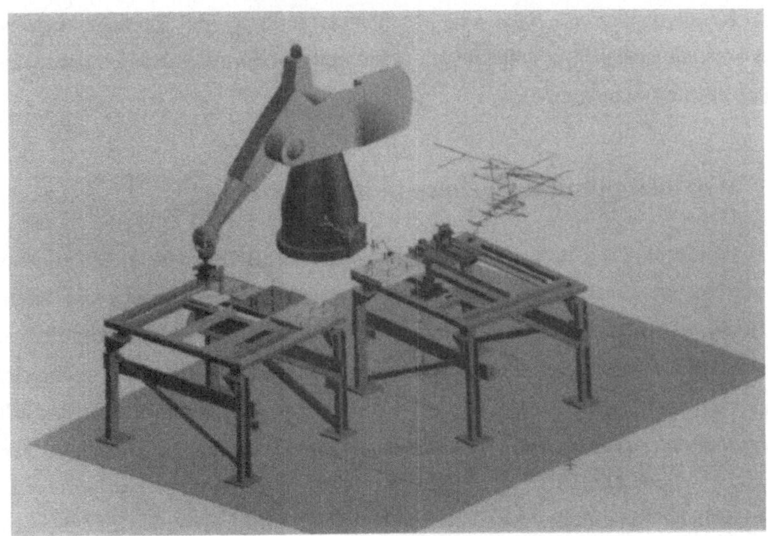

Bild 6.7: Ergebnis bei zusätzlicher Berücksichtigung von Sicherheitsabständen

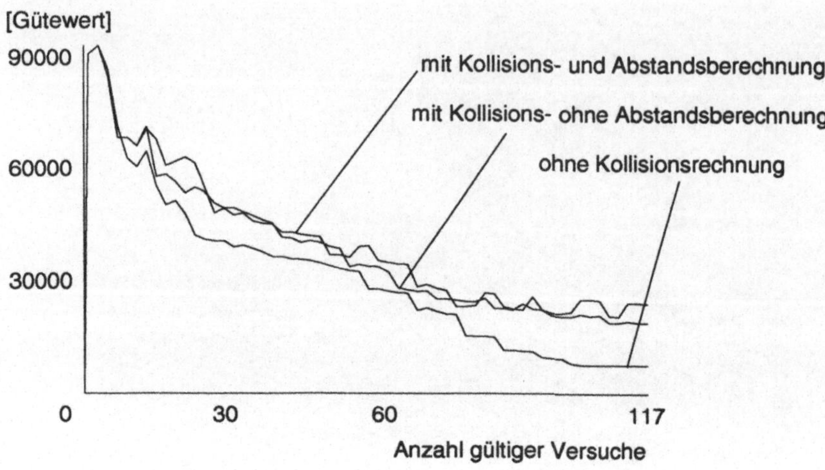

Bild 6.8: Gütewertverlauf mit und ohne Kollisionsbewertung

tigt, so muß das eingesetzte Optimierungsverfahren eine Lösung finden, bei der einerseits die Zielgrößen einen möglichst günstigen Verlauf aufweisen, andererseits aber alle Komponenten möglichst weit voneinander entfernt sind. Dementsprechend kann hier nur ein geringfügig schlechterer Gesamtgütewert hinsichtlich der angegebenen Zielgrößen erreicht werden.

6.1.3 Standortoptimierung eines Lasersensors

Bei der Optimierung des Anbringungsortes für einen Lasersensor [WOEN 92a] ist es Ziel, einerseits eine möglichst kurze Strahllänge zu erreichen, andererseits den Laserstrahl auf die zu beobachtenden Bauteileoberflächen möglichst senkrecht auftreffen zu lassen, da dann die besten Erkennungsbedingungen vorliegen. Bei dem hier gezeigten Optimierungslauf mit dem Hooke-Jeeves-Verfahren und einer maximalen Schrittzahl von 50 wurden translatorische Verschiebungen des Sensorgehäuses in allen drei Raumrichtungen durchgeführt. Der Verlauf der Parameteränderungen wird mittels der dreideminsionalen Spur im Layout dargestellt (Bild 6.9). Zusätzlich sind die Meßstrahlen des Lasersensors erkennbar. Die Kegel am Auftreffpunkt eines Laserstrahls stellen den Bereich des zulässigen Strahlauftreffwinkels dar. Ergebnis der Optimierungsrechnung ist ein Anbringungsort, von dem aus alle gewünschten Positionen möglichst günstig eingesehen werden können.

Bild 6.9: Optimierung des Anbringungsortes eines flexiblen Lasersensors

6.2 Optimierung manueller Arbeitsplätze

Bei der Gestaltung manueller Arbeitsplätze stehen zunehmend ergonomische Gesichtspunkte im Vordergrund. Kürzere Greifwege, kurze Ausführungszeiten oder unterschiedliche Einsichtbereiche stellen einige relevante Zielkriterien dar. Auch für derartige Aufgabenstellungen bietet sich die 3D-Simulation als leistungsstarkes Hilfsmittel an. Bild 6.10 zeigt die Ausgangsvariante eines Zellenlayouts zur manuellen Läufermontage für Elektromotoren mit dem 44-achsigen kinematischen Werkermodell. Die verschiedenen Bauteile sind in Behältern untergebracht, die in einer ersten Layoutvariante oberhalb der Arbeitsplatte angebracht wurden. Entsprechend des Montageplans muß der Werker die Bauteile in einer bestimmten Reihenfolge entnehmen und montieren.

Bild 6.10: Ausgangsvariante eines manuellen Arbeitsplatzes für die Läufermontage

Für die nachträgliche Optimierung eines derartigen Arbeitsplatzes kann mit Hilfe von Permutationsverfahren zunächst eine verbesserte Grobanordnung der Einzelbehälter durch Standortvertauschungen gefunden werden. Ausgehend von dieser kann dann durch den Einsatz von Vektoroptimierungsverfahren eine Feinoptimierung durchgeführt werden (Bild 6.11). Dabei ist in diesem Beispiel zu erkennen, daß ein tieferer Anbringungsort der Behälter zu einem günstigeren Bewegungsablauf führt, da sowohl Bewegungen des Oberkörpers, als auch das Durchstrecken des Ellbogengelenks vermieden werden kann.

In Bild 6.12 ist das verbesserte Layout für den Handarbeitsplatz dargestellt. Für einen günstigeren Bewegungsablauf wurde die Ablagefläche für die einzelnen Behälter entsprechend der Ergebnisse des Optimierungslaufs abgesenkt und leicht nach vorne geneigt.

Bild 6.11: Optimierung der Behälteranordnung

Bild 6.12: Optimierter Handarbeitsplatz

6.3 Prozeßoptimierung am Beispiel der Laserbearbeitung

Nachdem die vorangegangenen Beispiele dem Bereich der Montage zuzuordnen waren, beschäftigt sich dieses Beispiel mit der Optimierung eines Fertigungsprozesses. Für eine Laserbearbeitung werden zwei kooperierende Roboter eingesetzt, von denen der eine das Werkzeug, der andere das Werkstück führt (Bild 6.13).

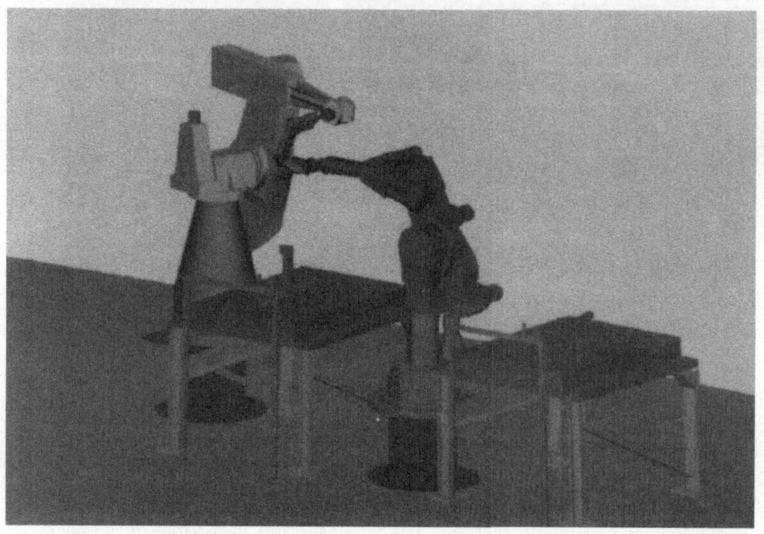

Bild 6.13: Fertigungszelle mit kooperierenden Robotern zur Blechbearbeitung

Die Relativbewegung zwischen diesen beiden Teilen wird zunächst interaktiv mit Hilfe der in Kapitel 5.2.2 beschriebenen Relativprogrammierung festgelegt. Jede Relativbewegung kann entweder vom werkzeugführenden oder vom werkstückführenden Roboter durchgeführt werden. Zielsetzung ist es, eine möglichst hohe Bahngenauigkeit bei der Programmausführung zu erreichen. Als Einflußparameter soll die Bewegungszuordnung variiert werden, die festlegt, welcher der beiden Roboter den aktuellen Bewegungssatz ausführen soll (vgl. Kapitel 5.4.1.3). Als Äquivalent für die erreichbare Bahngenauigkeit wird ein gemischtes Optimierungskriterium herangezogen, das sich wie folgt zusammensetzt. Um eine hohe Bahngenauigkeit zu erreichen, sollen beide Roboter bei der Programmausführung mit keiner Achse in die Nähe einer Achswinkelbegrenzungen laufen. Gleichzeitig sollen durchgestreckte Armkonfigurationen vermieden werden (vgl. auch Bild 5.17). Als ein wesentliches Kriterium soll der Reversierbetrieb einzelner Achsen so weit als möglich reduziert werden, was bedeutet, daß die Anzahl der Vorzeichenwechsel beim Geschwindigkeitsverlauf der einzelnen Achsen minimiert werden muß. Als untergeordnete Gütekriterien wurden ein möglichst geringe Taktzeit und kleine Winkelwege in den Robotergelenken vorgegeben.

Diese Optimierungsaufgabe wurde mit Hilfe eines genetischen Optimierungsverfahrens nach dem Schema aus Bild 5.16 bearbeitet. Ausgehend von der roboterneutralen Bewegungsbeschreibung werden für jeden Optimierungsschritt Roboterprogramme erzeugt, wobei die einzelnen Bewegungsbefehle unterschiedlich auf die Roboter verteilt werden.

In Bild 6.14 ist der Gütewertverlauf für dieses Beispiel dargestellt, das trotz der Lösungsvielfalt relativ schnell zu einem guten Resultat kommt. Ergebnis der Optimierungsrechnung sind zwei aufeinander abgestimmte Roboterprogramme mit einer Bewegungszuordnung, welche die oben genannten Kriterien möglichst gut erfüllt.

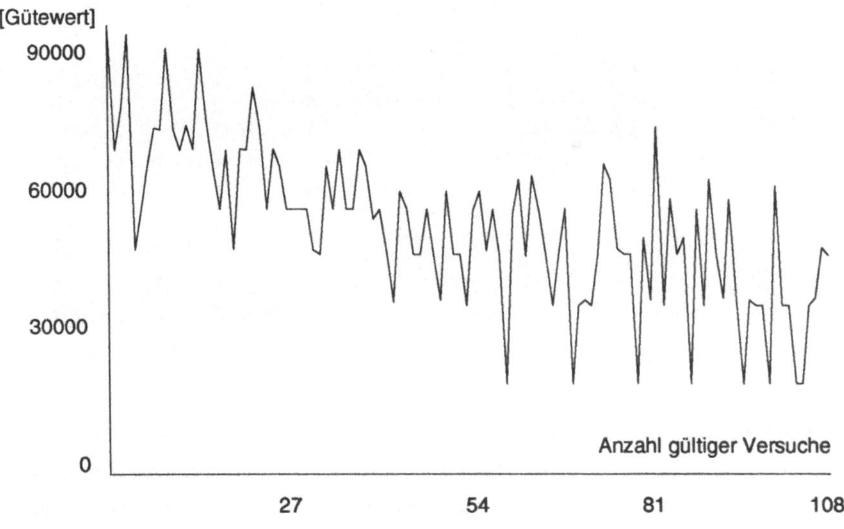

Bild 6.14: Gütewertverlauf bei der Optimierung der Bewegungsreihenfolge

6.4 Automatisierte Zellenkonfiguration

Bei allen bisherigen Beispielen wurde zunächst mit Hilfe der grafisch-interaktiven Grundfunktionen eines 3D-Simulationssystems eine Zellenkonfiguration mit den zugehörigen ausführbaren Roboterprogrammen erzeugt. Ausgehend von dieser Grundvariante sind dann verschiedene Parameter mit dem Ziel geändert worden, diese Lösung zu optimieren. In diesem Beispiel soll gezeigt werden, daß bereits das Erzeugen einer ersten lauffähigen Grundvariante einer Produktionszelle als Optimierungsvorgang betrachtet werden kann. Als Beispiel soll eine Fertigungszelle zum Entgraten eines Auspuffkrümmers geplant werden.

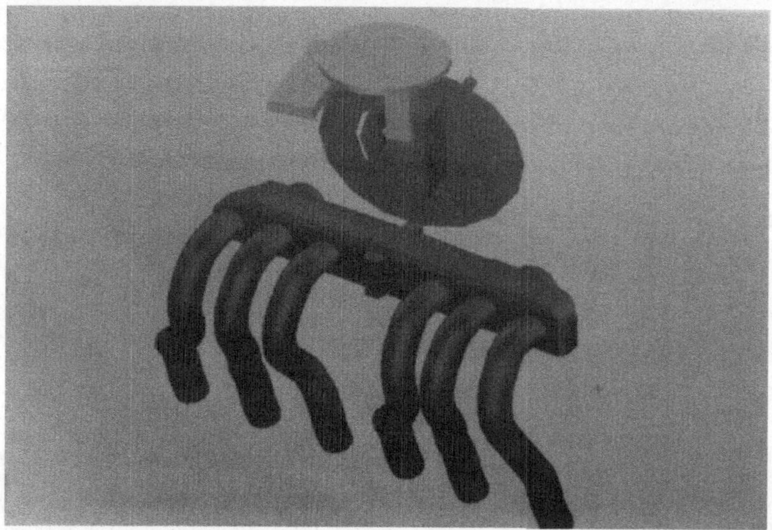

Bild 6.15: Relativanordnung zwischen Entgratwerkzeug und Auspuffkrümmer

Um den Auspuffkrümmer zu entgraten, muß ein Entgratwerkzeug mit einer bestimmten Orientierung entlang der zu bearbeitenden Nähte geführt werden. Dieser Bewegungsablauf kann unabhängig vom später ausgewählten Roboter und weiteren notwendigen Peripheriekomponenten durch eine Reihe einzelner Relativanordnungen vorgegeben werden (Bild 6.15). Zusätzlich muß die Entnahme- und Ablegebewegung des Werkzeugs relativ zur dafür vorgesehenen Halterung mit der gleichen Methode festgelegt werden. Der gesamte durchzuführende Bewegungsablauf setzt sich somit aus den drei Teilbewegungen

- Abholen des Entgratwerkzeuges,
- Entgraten des Krümmers mit dem Entgratwerkzeug und
- Ablegen des Entgratwerkzeugs zusammen.

Im nächsten Planungsschritt werden alle notwendigen Komponenten der Produktionszelle ausgewählt und grob angeordnet. Dabei werden die Komponentenstandorte unter Berücksichtigung bestimmter ("vernünftiger") Freiheitsgrade willkürlich gewählt, wobei aber noch keinerlei Rücksicht auf Erreichbarkeiten genommen werden muß. Das Ergebnis dieser Planungsstufe ist in Bild 6.16 abgebildet.

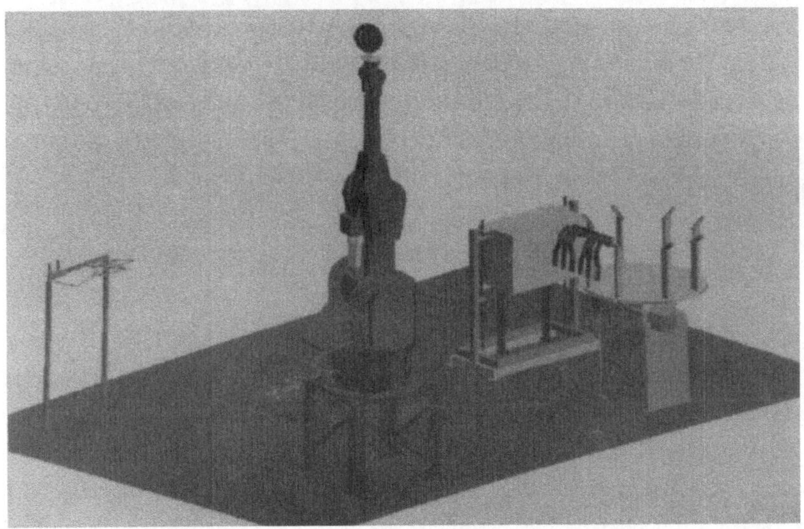

Bild 6.16: Erste interaktive Grobkonfiguration der Fertigungszelle durch den Planer

Durch die willkürliche Anordnung der Komponenten zu der Ausgangsvariante aus Bild 6.16 sind die Standortkoordinaten eines jeden Objekts innerhalb des Simulationssystems bekannt. Links im Bild ist die Halterung für das Entgratwerkzeug angeordnet, rechts der Krümmer auf einem Rundtakttisch. Nun können die vorher roboterneutral festgelegten Bewegungsabläufe, wie in Kapitel 5.2.2 beschrieben, in ein syntaktisch richtiges Programm für den hier ausgewählten KUKA-Roboter umgerechnet werden. Dabei wird jede Relativanordnung in ein Bewegungskommando in der Roboterzielsprache umgesetzt. Aufgrund der weitgehend beliebigen Anordnung des Roboters, des Ablagegestelles, des Krümmers und aller anderen Zellenkomponenten sind aber nicht alle, in diesem Fall sogar überhaupt keine dieser so erzeugten Bewegungsbefehle ausführbar, da nicht erreichbar.

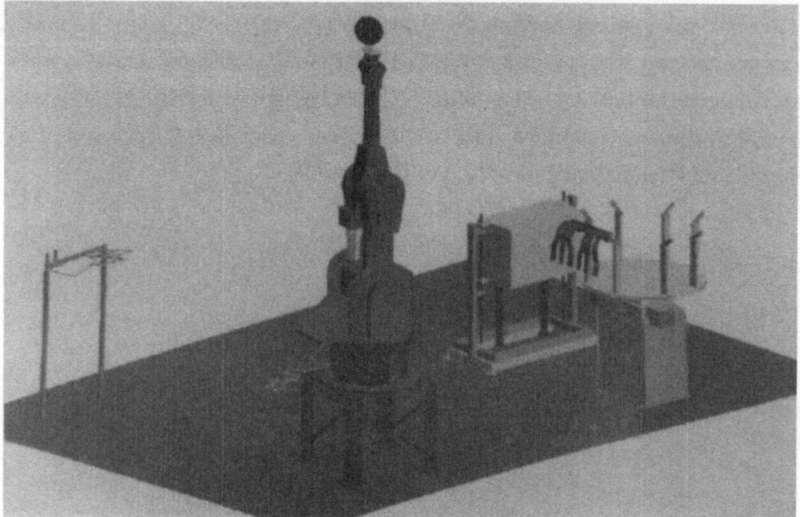

Bild 6.17: Situation nach 60 Optimierungsschritten

Bei einem konventionellen Vorgehen würde der Planer nun die Komponentenstandorte solange modifizieren, bis der Roboter alle gewünschten Positionen erreichen kann. Dieses Vorgehen stellt bereits einen Optimierungsvorgang dar, der mit dem hier beschriebenen System bearbeitet werden kann. Dabei stellt die in Kapitel 4.3.2.1 beschriebene Erreichbarkeit aller Zielframes das Auslegungskriterium dar. Der Verlauf der Optimierungsrechnung nach 60 Iterationsschritten ist für diese Problemstellung in Bild 6.17 dargestellt. Für die Standortvariation des Roboters und der Halterung des Entgratwerkzeuges dürfen hier alle translatorischen Freiheitsgrade und zusätzlich die Rotationen um die jeweilige z-Achse genutzt werden.

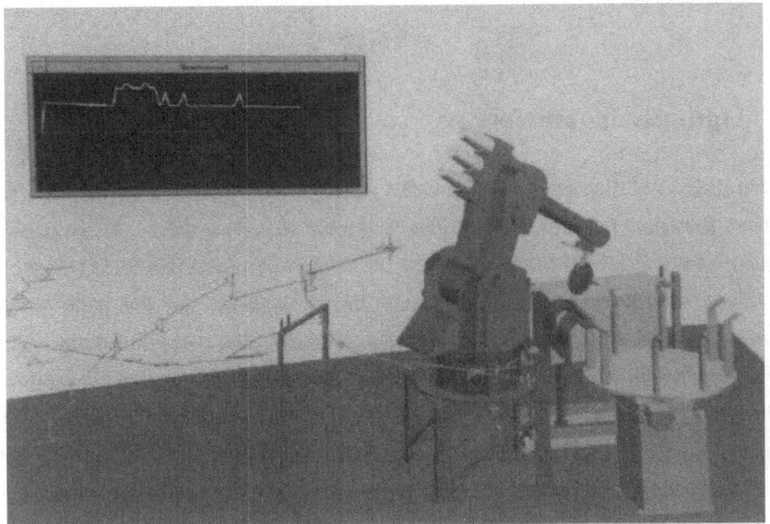

Bild 6.18: Automatisiert konfigurierte Fertigungszelle

In diesem Beispiel wurde nach etwa 80 Iterationsschritten eine Lösung gefunden, für die alle Zielframes erreichbar sind. Von dieser Grundvariante erfolgt dann automatisch die Optimierung des Zellenaufbaus nach den vorgegebenen Zielgrößen, bis zum Auffinden der in Bild 6.18 dargestellten Lösungsvariante nach etwa 250 Iterationsschritten.

7 Ausblick

7.1 Optimierungsverfahren

Die durch das Simulationsmodell dargestellte Zielfunktion ist im allgemeinen durch starke Nichtlinearitäten und eine große Zahl von lokalen Extremstellen gekennzeichnet. Die konventionellen Vektoroptimierungsverfahren haben konzeptionell die Eigenschaft, relativ schnell in ein lokales Optimum zu konvergieren und dort nicht mehr herauszukommen. Der abgesuchte Parameterraum ist dabei stark von den Anfangswerten abhängig. Weiterhin ist nicht jedes Optimierungsverfahren für eine bestimmte Aufgabenstellung gleich gut geeignet. In Bild 7.1 sind Gütewertverläufe für die Optimierungsaufgabe aus Kapitel 6.1.2 dargestellt. Je kleiner der Gütewert, desto besser die gefundene Lösung. Die Optimierungsrechnung erfolgt dabei mit ansonsten unveränderten Parametern nacheinander für das Hooke-Jeeves-, das Powell-, das Extrem- und das Downhill-Simplex-Verfahren. Das Powell-Verfahren kommt bei diesem speziellen Beispiel zu einem deutlich besseren Ergebnis, als die anderen Verfahren.

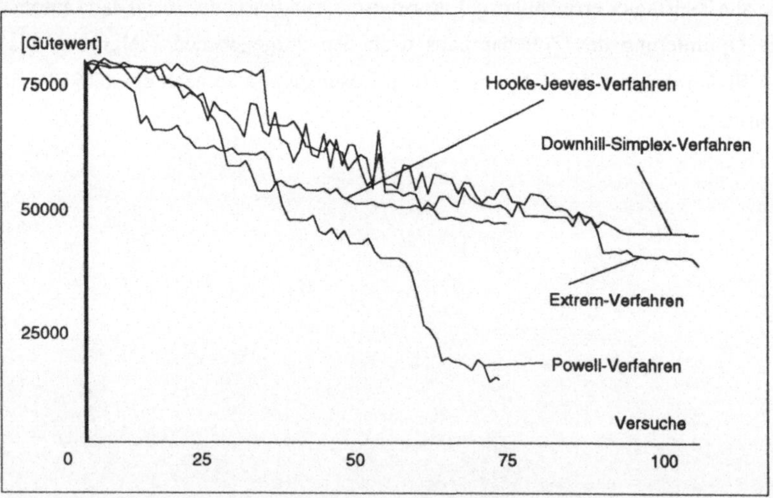

Bild 7.1: Erfolg verschiedener Optimierungsverfahren bei gleicher Aufgabenstellung

Optimierungsverfahren mit einem Stochastikanteil, zum Beispiel Evolutionsstrategien oder genetische Algorithmen, haben zwar den Nachteil einer längeren Rechenzeit, allerdings steigt die Wahrscheinlichkeit, eine dem Optimum sehr nahe liegende Lösung zu finden.

Eine Leistungssteigerung für das Gesamtssystem kann durch eine Kombination beider Verfahrensklassen erreicht werden. Ausgehend von bestimmten Startwerten wird mit einem konventionellen Vektoroptimierungsverfahren zunächst nach einem lokalen Minimum gesucht. Nach dessen Erreichen kann mit stochastischen Verfahren mehr oder weniger gezielt ein größerer Bereich des umliegenden Parameterraums abgesucht werden. Wird dabei ein besserer Gütewert gefunden, so kann ausgehend vom zugehörigen Parametersatz erneut mit den konventionellen Methoden nach einem lokalen Minimum gesucht werden. Dieses kombinierte Vorgehen wird bis zum Erreichen einer bestimmten Abbruchbedingung, beispielsweise einer Maximalschrittzahl, fortgesetzt.

7.2 Erweiterungen des Simulationsmodells

Die Optimierung **manueller Arbeitsplätze** wurde in der bisherigen Implementierungsstufe anhand eines kinematischen Modells durchgeführt. Die Bewertung eines Handarbeitsplatzes kann aber nicht nur nach rein kinematische Kriterien, wie der Erreichbarkeit oder der Länge der Greifwege, sondern zusätzlich auf Basis einer MTM-Analyse erfolgen, um so beispielsweise Aussagen über die zu erwartenden Lohnkosten zu machen. In Zukunft ist auch eine Erweiterung hinsichtlich dynamischer Aspekte denkbar. Darüberhinaus können die Einsichtbereiche in Zukunft durch die realitätsnahe Simulation des Gesichtsfeldes für Optimierungszwecke herangezogen werden, beispielsweise mit einer simulierten Kamera.

Mit steigender Autonomie automatisierter Produktionszellen spielen intelligente **Sensoren** eine zunehmend große Rolle. Neben dem hier behandelten Lasersensor können in Zukunft auch simulierte Laserscanner oder CCD-Kameras samt Bildverarbeitung spezifische Kriterien für die Optimierungsrechnung liefern. Hierfür lassen sich dann nicht nur die Erreichbarkeit, Strahllänge und Auftreffwinkel eines Meßstrahls auf einzelne Zielpositionen beurteilen, sondern das gesamte Gesichtsfeld einer Kamera kann Grundlage der Bewertung sein.

Großes Optimierungspotential stellen verschiedene automatisierte **Fertigungsprozesse** dar, die in dieser Arbeit stellvertretend an einem Beispiel aus dem Bereich der Laserbearbeitung durchgeführt wurden. Als weitere Anwendungsgebiete sind das automatisierte Lackieren oder Bahn- und Punktschweißen denkbar. Gerade in diesen Bereichen treten eine ganze Reihe zusätzlicher benutzerspezifischer Randbedingungen auf, die so im Simulationssystem zu implementieren sind, daß sich aus den jeweiligen Prozeßparametern spezifische Zielkriterien berechnen und bewerten lassen.

8 Zusammenfassung

Bei der Planung und Auslegung von Produktionszellen läßt sich die 3D-Simulation vorteilhaft als unterstützendes Hilfsmittel einsetzen. Anhand zugrundeliegender geometrischer, kinematischer und dynamischer Modellkomponenten erfolgt die räumliche Gestaltung eines Zellenlayouts, die Off-Line-Programmierung der eingesetzten Handhabungsgeräte und die Bewegungssimulation für Taktzeitermittlungen und Kollisionskontrollen. Kennzeichnend für die grafisch-interaktive Arbeitsweise ist ein sich stets wiederholendes Durchlaufen dieser Arbeitsschritte, mit dem Ziel, eine möglichst günstige Lösung bezüglich bestimmter Kriterien zu finden. Das interaktive Vorgehen ist aufgrund der komplexen Abhängigkeiten zwischen Zielgrößen und unterschiedlichen Parametern in der Regel mit großem Aufwand verbunden und führt meistens nicht zum gewünschten Erfolg. Zielsetzung dieser Arbeit war es daher, ein rechnergestütztes Werkzeug zur automatisierten Optimierung von Zellenlayouts zu konzipieren und zu implementieren.

Basierend auf dem Simulationssystem USIS wurden die Modellbeschreibungen von Industrierobotern, Werkern und Sensoren als Bestandteile einer Produktionszelle so parametrisiert, daß sich Auslegungskriterien, wie die Taktzeit, automatisch in Abhängigkeit verschiedener Parameter berechnen lassen. Mit Hilfe einer ebenfalls automatisierten Normierung und Gewichtung können die verschiedenen Zielgrößen und Randbedingungen simultan bewertet werden. Das Planungsziel lautet somit, einen Satz Parameter zu finden, für den der betrachtete Gütewert extremal wird. Diese Aufgabenstellung läßt sich durch den Einsatz unterschiedlicher numerischer Optimierungsstrategien automatisieren. Der derzeitige Stand der Implementierung umfaßt dabei neben verschiedenen Vektoroptimierungsverfahren auch Permutationsalgorithmen und genetische Optimierungsverfahren. Die Vorgabe der Optimierungsaufgabe erfolgt über ein leicht zu bedienendes Parametrisierungsmodul, dessen Benutzeroberfläche in das Simulationssystem USIS integriert wurde. Die Anwendungsmöglichkeiten des Gesamtsystems wurden anhand einiger Beispiele aus dem Bereich der Produktionstechnik aufgezeigt.

Dem Planer steht somit ein umfassendes Werkzeug zur Verfügung, welches den Planungsprozeß gezielt unterstützt und schneller zu besseren Resultaten führt.

9 Literatur

[AMAN 91] Amann, W.: Entscheidungsfindung mit Modellen. Die neue Fabrik. Sonderpublikation, Verlag moderne industrie, Landsberg (1991) 28-30.

[BACK 89] Backe, W.; Hellmann, K.-H.; Tünkers, O.: Automatische Parameteroptimierung von mehrschleifigen Reglern bei nichtlinearen Antrieben am Beispiel einer servopneumatischen, flexiblen Schraubzelle. Robotersysteme 5, Springer-Verlag (1989) 161-172.

[BEIN 90] Beiner, L.: Time-optimization of point-to-point robotic motions. Robotersysteme 6, Springer-Verlag (1990) 171-176.

[BOX 65] Box, M. J.: A new method of constrained optimization and a comparison with other methods. The Computer Journal 8 (1965) 42-52.

[BRAU 91] Brause, R.: Neuronale Netze, Stuttgart, Teubner 1991.

[BREN 73] Brent; R., P.: Algorithms for minimization without derivatives. Prentice-Hall, Englewood Cliffs, N.J. 1973.

[BROO 58] Brooks, S. H.: A discussion of random methods for seeking maxima. Oper. Res. 6 (1958) 244-251.

[BROY 70] Broyden : The Convergence of a Class of Double Rank Minimization Algorithms I + II J. Inst. Math. Applics. 6, 1970.

[BULL 89] Bullinger, H. J.; Seidel, U. A.: Rechnergestützte Planung und Bewertung des Montageablaufs. Industrieanzeiger (1989) 36/1989 18-33.

[CAPS 84] Capson, D. W.: An improved Algorithm for the Sequential Extraction of Boundaries from a Raster Scan. Computer Vision Graphics and Image Processing, 1984.

[DENA 55] Denavit, J.; Hartenberg, R. S.: A kinematic notation for lower pair mechanisms based on matrices. In: ASME J. Appl. Mech. 22 (1955) 215-221.

[DIES 88] Diess, H.: Rechnerunterstützte Entwicklung flexibler automatisierter Montageprozesse, Springer-Verlag, Berlin 1988.

[EHRL 90] Ehrlenspiel, K.: Auf dem Weg zur integrierten Produktentwicklung. In: Rechnerunterstützte Produktentwicklung. Düsseldorf, VDI-Verlag 1990, 164-179 (VDI-Berichte 812)

[EIDT 77] Eidt, A.; Wegner, N.; Stönner, G.: Praxisorientierte Layoutplanung von Fabrikanlagen-Untersuchung der rechnergestützten Optimierungsmethoden. ZwF 72 7 (1977) 332-339.

[ENTE 76] Entenmann, W.: Optimierungsverfahren, Dr. Alfred Hüthig Verlag, Heidelberg, 1976.

[EVER 80] Eversheim, W.; Hoeschen, R. D.; Peffekoven, K.-H.: Rechnergestütze Montageplanung für komplexe Produkte. wt (1980) 387-391.

[FELD 87] Feldmann, K.; Hemberger, A.: Rechnereinsatz in der Montageplanung. VDI-Z Bd. 129 (1987) 76-81.

[FELD 92] Feldmann, K.; Reinisch, H.: Wissensbasierte Planungswerkzeuge in der automatisierten Montage. pa Produktionsautomatisierung (1992) 25-29.

[FIGE 88] Figel, K.: Optimieren beim Konstruieren. Dissertation TU-München. Carl Hanser Verlag München Wien 1988.

[FLET 63] Fletcher, R.; Powell, M. J. D.: A Rapidly Convergent Descent Method for Minimization. Computer Journal 2 (1963) 163-168.

[GARN 90] Garnich, F.; Schwarz, H.: Intelligenter Schweißnahtfolgesensor beschleunigt Laserschweißen. Roboter 5 (1990) 14-18.

[GARN 92] Garnich, F.: Laserbearbeitung mit Robotern. Springer Verlag, Berlin 1992.

[GLAV 91] Glavina, B.: Planung kollisionsfreier Bewegungen für Manipulatoren durch Kombination von zielgerichteter Suche und zufallsgesteuerter Zwischenzielerzeugung. Dissertation TU München, Institut für Informatik, 1991.

[GOLD 89] Goldberg, D. E.: Genetic Algorithms in Search, Optimization, and Machine Learning. Addision-Weseley Publishing Company, Inc., 1989.

[HAGE 90] Hagemann, F.: Berechnung der Aufstellflächen für Roboter. Roboter, Verlag moderne industrie (1990) 29-32.

[HÖRM 90] Hörmann, K.; Werling, V.: Planung kollisionsfreier Greifoperationen: Kollisionsfreie Bahnplanung für Greifer und Manipulator. Robotersysteme 6, Springer-Verlag (1990) 39-50.

[HOLL 87] Holland, J. H.: Genetic algorithms and their applications. Proceedings of the Second International Conference on Genetic Algorithms (1987) 82-89.

[HOOK 61] Hooke, R.; Jeeves, T. A.: Direct search solution of numerical and statistical problems. JACM 8 (1961) 308-313.

[HOWA 91] Howard, T. L. J.; Hewitt, W. T.; Hubbold, R. J.; Wyrwas, K. M.: A practical Introduction to PHIGS and PHIGS PLUS. Addison-Wesley, Wokingham, 1991.

[HUCK 90] Huck, M.: Produktorientierte Montageablauf- und Layoutplanung für die Robotermontage. VDI-Verlag, Düsseldorf, 1990.

[JACO 75] Jacob, H. G.: FORTRAN-Programm zur Ermittlung eines lokalen Optimums einer beschränkten multivariablen Gütefunktion ohne

Kenntnis ihrer Ableitung. PDV-Bericht KFK-PDV 36, Kernforschungszentrum, Karlsruhe, 1975.

[JACO 82] Jacob, H. G.: Rechnergestützte Optimierung statischer und dynamischer Systeme. Fachberichte Messen Steuern Regeln, Springer Verlag, 1982.

[JAME 87] Jameson, J. W.; Leifer, L. J.: Automatic Grasping: An Optimization Approach. IEEE Transactions on Systems, Man, And Cybernetics, (1987) Vol. SMC-17, No. 5 806-814.

[KAND 88] Kandziora, B.: CAD/CAM-System zur Planung und Simulation automatisierter Montagevorgänge. Fortschrittsberichte VDI-Reihe 20 Nr. 9. Düsseldorf: VDI-Verlag 1988.

[KARS 90] Karstedt, K.: Positionsbestimmung von Objekten in der Montage- und Fertigungsautomatisierung. Springer-Verlag, Berlin 1990.

[KEMP 90] Kempkens, K.: Optimierung der Verfahrensparameter von Industrieroboter-Steuerungen. Robotersysteme 6, Springer-Verlag (1990) 145-152.

[KIEF 53] Kiefer, J.: Sequential minimax search for a maximum. Proc.Amer.Math.Soc. 4 (1953) 502-506.

[KUMM 92] Kummetsteiner, G.: Planung manueller Arbeitssysteme mit der 3D-Simulation. Produktionsautomatisierung 2/92 (1992) 34-37.

[KUPE 91] Kupec, T.: Wissensbasiertes Leitsystem zur Steuerung flexibler Fertigungsanlagen. Dissertation TU München, 1991.

[LINN 92] Linner, S.: Entwicklungszeiten verkürzen durch Simulation. pa Produktautomatisierung 2/92 (1992) 9-12.

[LOZA 87] Lozano-Perez, T.: A Simple Motion Planning Algorithm for General Robot Manipulators. IEEE Int. J. Robot Autom. 3, 1987.

[MIKS 91] Miksch, R.: FEM - Effektives Werkzeug zur Montageplanung. Die neue Fabrik. Sonderpublikation, Verlag moderne industrie, Landsberg (1991) 100-102.

[MILB 88] Milberg, J.; Schrüfer, N.; Tauber, A.: Requirements for Advanced Graphic Robot Programming Systems. IFAC-Symposium SYROCO 88, Karlsruhe (1988) 63.1-63.3 Preprints.

[MILB 89a] Milberg, J.; Schmidt, M.: Flexible Montage - Chance und Herausforderung. Montage 2/89 (1989) 18-25.

[MILB 89b] Milberg, J.; Pfrang, W.: Ein neues Softwareprogramm zur Simulation von Handarbeit. Montage 2/89 (1989) 12-16.

[MILB 89c] Milberg, J.; Schuster, G.: Modellierung von Sensoren für die Montagesimulation. ZwF 84 11 (1989) 650-654.

[MILB 92a] Milberg, J.; Schuster, G.: Effizienz- und Qualitätssteigerung bei der Produkt- und Produktionsgestaltung. In: Tagungsband zum Produktionstechnischen Kolloquium, Berlin 1992.

[MILB 92b] Milberg, J.; Schuster, G.; Woenckhaus, C.: Integration von Produktentwicklung und Montageplanung. TECHNICA 7/92, Industrie-Verlag AG, Zürich (1992) 14-18.

[MOCT 92] Moctezuma, J.; Tümmler, H.-P.: A Simulation System for Planning Femur-Osteotomies Regarding the Actual Physiological Function of the Hip Joint. Computer Applications To Assist Radiology, Symposia Foundation (1992) 627-632.

[MÜLL 70] Müller-Merbach, H.: Optimale Reihenfolgen. Springer, Berlin Heidelberg, 1970

[NELD 65] Nelder, J. A.; Mead, R.: A simplex method for function minimization. Computer Journal 7 (1965) 212-229.

[NN 80] Neuentwicklungen und Aktivitäten der Deutschen MTM-Vereinigung. In: angewandte Arbeitswissenschaft, Mitteilungen des IfaA. Verlag Bachem GmbH, Köln 1980.

[NN 90] Marktübersicht: Roboter Off-Line-Programmiersysteme. Verlag moderne industrie, Roboter, (1990).

[PFEI 87] Pfeiffer, F., Reithmeier, E.: Roboterdynamik. Teubner, Stuttgart 1987.

[PFRA 90] Pfrang, W.: Rechnergestützte und graphische Planung manueller und teilautomatisierter Arbeitsplätze. Springer-Verlag, Berlin 1990.

[POWE 64] Powell, M. J. D.: An Efficient Method of Finding the Minimum of a Function of Several Variables Without Calculationg Derivatives. Computer Journal, Vol. 7, No. 2 (1964) 155-162.

[PRAS 90] Prasch, J.: Computerunterstützte Planung von chirurgischen Eingriffen in der Orthopädie. Springer-Verlag, Berlin 1990.

[PRES 87] Press, W. H.; Flannery, B. P.; Teukolsky, S. A.; Vetterling, W. T.: Numerical Recipies: The Art of Scientifc Computing, Cambridge, Cambridge University Press, 1987.

[RAO 84] Rao, S. S.: Optimization, Theory and Applications. 2. Auflage New Delihi Bangalore Bombay Calcutta: Wiley Eastern, 1984.

[RECH 73] Rechenberg, I.: Optimierung technischer Systeme nach Prinzipien der biologischen Evolution. Frommann-Holzboog Verlag, Stuttgart, 1973.

[REIC 92] Reichel, H.: Optimierung der Werkzeugbereitstellung durch rechnergestützte Arbeitsfolgenbestimmung. Dissertation TU-Erlangen, Carl Hanser Verlag, 1992.

[RÖHR 89] Einführung in die Strukturoptimierung. Skriptum Institut und Lehrstuhl B für Mechanik, Technische Universität München, 1989.

[ROSE 60] Rosenbrock, H. H.: An Automatic Method of Finding the Greatest or Least Value of a Function. Computer Journal Vol. 3, No. 3 (1960) 175-184.

[SCHÄ 88] Schäfer, G.: Rechnergestützte Planung automatisierter Montagezellen. atp-Sonderheft Fertigungsautomatisierung (1988) 40-46.

[SCHM 91a] Schmidt, M.: Konzeption und Einsatzplanung flexibler automatisierter Montagesysteme, Springer Verlag, Berlin 1991.

[SCHM 91b] Schmidt-Weinmar M.; u.a.: Simulationsgestützte Optimierung der Produktionsplanung mit einer mehrstufigen Sortenfertigung. Fortschritte in der Simulationstechnik, Band 4, ASIM 7.Symposium, Hagen (1991).

[SCHR 92] Schrüfer, N.: Erstellung eines 3D-Simulationssystems zur Reduzierung von Rüstzeiten bei der NC-Bearbeitung. Springer-Verlag Berlin 1992.

[SCHU 91] Schuster, G.: Verknüpfung von Konstruktion und Montage. Die neue Fabrik. Sonderpublikation, Verlag moderne industrie, Landsberg (1991) 105-108.

[SCHU 92] Schuster, G.: Rechnergestütztes Planungssystem für die flexibel automatisierte Montage. Springer-Verlag, Berlin 1992.

[SCHW 75] Schwefel, H.-P.: Evolutionsstrategie und numerische Optimierung. Dissertation TU Berlin, 1975.

[SCHW 90] Schwinn, W.: Standpunktoptimierung von Industrierobotern in Fertigungszellen. Robotersysteme 6, Springer-Verlag (1990) 103-111.

[SCHW 91] Schwinn, W; Speicher, M.: Verfahren zur Untersuchung der Bewegungsmöglichkeiten von Industrierobotern. Robotersysteme 7, Springer-Verlag (1991) 9-16.

[SELI 88] Seliger, G.: Integrierte Montageplanung. ZwF-CIM Sonderheft (1988) 45-47.

[STET 91] Stetter, R.: Konzeption einer Simulatorplattform zur Planung des Handhabungsprozesses. Autonome Mobile Systeme, 7.Fachgespräch, Karlsruhe (1991) 245-258.

[STET 92] Stetter, R.: Simulationswerkzeug zur Überwachung des Handhabungsprozesses. Technica 7/92 (1992), 25-32.

[STRO 92] Strohmayr, R.: Rechnergestützte Auswahl und Konfiguration von Zubringeeinrichtungen flexibler Montagezellen. Dissertation TU-München, 1992.

[TAUB 90a] Tauber, A.: Modellbildung kinematischer Strukturen als Komponente der Montageplanung, Springer Verlag, Berlin, 1990.

[TAUB 90b] Tauber, A.: Development of a Graphic Robot Programming System. 4th International Symposium of Foundations of Robotics. Holzhau (1990) Proceedings.

[THIM 92] Thim, C.: Rechnergestützte Optimierung von Materialflußstrukturen in der Elektronikmontage durch Simulation. Dissertation TU-Erlangen, Carl Hanser Verlag 1992.

[TÖNS 91] Tönshoff, H. K.; Barfels, L.: Simulationsgestützte Optimierung von Fertigungsanlagen. Fortschritte in der Simulationstechnik, Band 4 ASIM, 7.Symposium, Hagen (1991).

[TÜRK 87] Türk, S.; Otter, M.: Das DFVLR-Modell Nr.1 des Industrieroboters Manutec r3. Robotersysteme 3, Springer-Verlag (1987) 101-106.

[WALL 84] Wall, K.; Danielsson, P. E.: A fast Sequential Extraction of Boundaries of Digitalized Curves, Computer Vision Graphics and Image Processing, 1984.

[WEIC 85] Weichand, M.: Integration des Planungs- und Konstruktionsprozesses durch rechnerintegrierte Modellbildung. VDI-Z Bd. 127 (1985) 995-1000.

[WELL 91] Welling, A.; Wendt, A.; Wisbacher, J.: Flexibilität erfordert moderne Sensoren. Die neue Fabrik. Sonderpublikation, Verlag moderne industrie, Landsberg (1991) 115-119.

[WEND 92] Wendt, A.: Sensoren und Sensorsteuerungskonzepte für die Qualitätssicherung in flexibel automatisierten Montagesystemen. Dissertation TU-München, 1992.

[WERL 90] Werling, G.: Ein Verfahren zur automatischen Plazierung von Montage-Robotern. Robotersysteme 6, Springer-Verlag (1990) 11-23.

[WILD 64] Wilde, D. J.: Optimum seeking methods. Prentice-Hall, Englewood Cliffs, N.J. 1964.

[WLOK 91] Wloka, D.: Robotersimulation. Springer Verlag, New York Heidelberg Berlin 1991.

[WOEN 90] Woenckhaus, C.: ADAMS in robot simulation. 6th. ADAMS-NewsConference, Wiesbaden (1990). Proceedings.

[WOEN 92a] Woenckhaus, C.: Automatische numerische 3D-Layoutoptimierung. Schweizer Maschinenmarkt 35/1992 (1992) 16-21.

[WOEN 92b] Woenckhaus, C.: Automatic Layout Optimization Using 3D-Simulation. Proceedings of the 1992 European Simulation Symposium, Dresden (1992) 290-294.

[WOEN 92c] Woenckhaus, C.: Konzeption eines Systems zur automatischen 3D-Layoutoptimierung. Robotersysteme 8, Springer-Verlag (1992) 239-244.

[WOEN 93] Woenckhaus, C.; Stetter, R.; Rockland, M.: Optimierung flexibler Montagezellen durch die 3D-Simulation. Simulation und Fabrikbetrieb, Arbeitskreis für Simulation in der Fertigungstechnik. Aachen (1993).

[WRBA 90] Wrba, P.: Simulation als Werkzeug in der Handhabungstechnik, Springer-Verlag, Berlin 1990.

iwb Forschungsberichte

Berichte aus dem Institut für Werkzeugmaschinen und Betriebswissenschaften der Technischen Universität München

Herausgeber: Prof. Dr.-Ing. J. Milberg

---

1 **Streifinger, E.**
Beitrag zur Sicherung der Zuverlässigkeit und Verfügbarkeit moderner Fertigungsmittel
1986. 72 Abb. 167 Seiten, ISBN 3-540-16391-3 — 68,- DM

2 **Fuchsberger, A.**
Untersuchung der spanenden Bearbeitung von Knochen
1986. 90 Abb. 175 Seiten, ISBN 3-540-16392-1 — 68,- DM

3 **Maier, C.**
Montageautomatisierung am Beispiel des Schraubens mit Industrierobotern
1986. 77 Abb. 144 Seiten, ISBN 3-540-16393-X — 68,- DM

4 **Summer, H.**
Modell zur Berechnung verzweigter Antriebsstrukturen
1986. 74 Abb. 197 Seiten, ISBN 3-540-16394-8 — 68,- DM

5 **Simon, W.**
Elektrische Vorschubantriebe an NC-Systemen
1986. 141 Abb. 198 Seiten, ISBN 3-540-16693-9 — 68,- DM

6 **Büchs, S.**
Analytische Untersuchungen zur Technologie der Kugelbearbeitung
1986. 74 Abb. 173 Seiten, ISBN 3-540-16694-7 — 68,- DM

7 **Hunzinger, I.**
Schneiderodierte Oberflächen
1986. 79 Abb. 162 Seiten, ISBN 3-540-16695-5 — 68,- DM

8 **Pilland, U.**
Echtzeit-Kollisionsschutz an NC-Drehmaschinen
1986. 54 Abb. 127 Seiten, ISBN 3-540-17274-2 — 68,- DM

9 **Barthelmeß, P.**
Montagegerechtes Konstruieren durch die Integration von Produkt- und Montageprozeßgestaltung
1987. 70 Abb. 144 Seiten, ISBN 3-540-18120-2 — 68,- DM

10 **Reithofer, N.**
Nutzungssicherung von flexibel automatisierten Produktionsanlagen
1987. 84 Abb. 176 Seiten, ISBN 3-540-18440-6 — 68,- DM

11 **Diess, H.**
Rechnerunterstützte Entwicklung flexibel automatisierter Montageprozesse
1988. 56 Abb. 144 Seiten, ISBN 3-540-18799-5 — 73,- DM

12 **Reinhart, G.**
Flexible Automatisierung der Konstruktion
und Fertigung elektrischer Leitungssätze
1988, 112 Abb. 197 Seiten, ISBN 3-540-19003-1 73,- DM

13 **Bürstner, H.**
Investitionsentscheidung in der rechnerintegrierten Produktion
1988, 77Abb. 190 Seiten, ISBN 3-540-19099-6 73,- DM

14 **Groha, A.**
Universelles Zellenrechnerkonzept für flexible Fertigungssysteme
1988, 74 Abb. 153 Seiten, ISBN 3-540-19182-8 73,- DM

15 **Riese, K.**
Klipsmontage mit Industrierobotern
1988, 92 Abb. 150 Seiten, ISBN 3-540-19183-6 73,- DM

16 **Lutz, P.**
Leitsysteme für rechnerintegrierte Auftragsabwicklung
1988, 44 Abb. 144 Seiten, ISBN 3-540-19260-3 73,- DM

17 **Klippel, C.**
Mobiler Roboter im Materialfluß eines flexiblen Fertigungssystems
1988, 86 Abb. 164 Seiten, ISBN 3-540-50468-0 73,- DM

18 **Rascher, R.**
Experimentelle Untersuchungen zur Technologie der Kugelherstellung
1989, 110 Abb. 200 Seiten, ISBN 3-540-51301-9 73,- DM

19 **Heusler, H.-J.**
Rechnerunterstützte Planung flexibler Montagesysteme
1989, 43 Abb. 154 Seiten, ISBN 3-540-51723-5 73,- DM

20 **Kirchknopf, P.**
Ermittlung modaler Parameter aus Übertragungsfrequenzgängen
1989, 57 Abb. 157 Seiten, ISBN 3-540-51724 73,- DM

21 **Sauerer, Ch.**
Beitrag für ein Zerspanprozeßmodell Metallbandsägen
1990, 89 Abb. 166 Seiten, ISBN 3-540-51868-1 78,- DM

22 **Karstedt, K.**
Positionsbestimmung von Objekten in der Montage-
und Fertigungsautomatisierung
1990, 92 Abb. 157 Seiten, ISBN 3-540-51879-7 78,- DM

23 **Peiker, St.**
Entwicklung eines integrierten NC-Planungssystems
1990, 66 Abb. 180 Seiten, ISBN 3-540-51880-0 78,- DM

24 **Schugmann, R.**
Nachgiebige Werkzeugaufhängungen für die automatische Montage
1990. 71 Abb. 155 Seiren, ISBN 3-540-52138-0 78,- DM

25 **Wrba, P**
Simulation als Werkzeug in der Handhabungstechnik
1990, 125 Abb., 178 Seiten, ISBN 3-540-52231-X 78,- DM

26 **Eibelshäuser, P.**
Rechnerunterstützte experimentelle Modalanalyse
mitells gestufter Sinusanregung
1990, 79 Abb., 156 Seiten, ISBN 3-540-52451-7 78,- DM

27 **Prasch, J.**
Computerunterstützte Planung von chirurgischen Eingriffen
in der Orthopädie
1990, 113 Abb., 164 Seiten, ISBN 3-540-52543-2 78,- DM

28 **Teich, K.**
Prozeßkommunikation und Rechnerverbund in der Produktion
1990, 52 Abb., 158 Seiten, ISBN 3-540-52764-8 78,- DM

29 **Pfrang, W.**
Rechnergestützte und graphische Planung manueller
und teilautomatisierter Arbeitsplätze
1990, 59 Abb., 153 Seiten, ISBN 3-540-52829-6 78,- DM

30 **Tauber, A.**
Modellbildung kinematischer Stukturen
als Komponente der Montageplanung
1990, 93 Abb., 190 Seiten, ISBN 3-540-52911-X 78,- DM

31 **Jäger, A.**
Systematische Planung komplexer Produktionssysteme
1991, 75 Abb., 148 Seiten, ISBN 3-540-53021-5 78,- DM

32 **Hartberger, H.**
Wissensbasierte Simulation komplexer Produktionssysteme
1991, 58 Abb., 154 Seiten, ISBN 3-540-53326-5 78,- DM

33 **Tuczek H.**
Inspektion von Karosseriepreßteilen auf Risse und Einschnürungen
mittels Methoden der Bildverarbeitung
1992, 125 Abb., 179 Seiten, ISBN 3-540-53965-4 88,- DM

34 **Fischbacher, J.**
Planungsstrategien zur strömungstechnischen Optimierung
von Reinraum-Fertigungsgeräten
1991, 60 Abb., 166 Seiten, ISBN 3-540-54027-X 78,- DM

35 **Moser, O.**
3D-Echtzeitkollisionsschutz für Drehmaschinen
1991, 66 Abb., 177 Seiten, ISBN 3-540-54076-8 78,- DM

36 **Naber, H.**
Aufbau und Einsatz eines mobilen Roboters mit
unabhängiger Lokomotions- und Manipulationskomponente
1991, 85 Abb., 139 Seiten, ISBN 3-540-54216-7 78,- DM

37 **Kupec, Th.**
Wissensbasiertes Leitsystem zur Steuerung flexibler Fertigungsanlagen
1991, 68 Abb., 150 Seiten, ISBN 3-540-54260-4 78,- DM

65 **Woenckhaus, Ch.**
Rechnergestütztes System zur automatisierten 3D-Layoutoptimierung
1994, 81 Abb., 140 Seiten,ISBN 3540-57284-8 88,– DM

66 **Kummetsteiner, G.**
3D-Bewegungssimulation als integratives Hilfsmittel zur Planung manueller Montagesysteme
1994, 62 Abb.; 146 Seiten, ISBN 3-540-57535-9 88,– DM

67 **Kugelmann, F.**
Einsatz nachgiebiger Elemente zur wirtschaftlichen Automatisierung von Produktionssystemen
1993, 76 Abb., 144 Seiten, ISBN 3-540-57549-9 88,– DM

68 **Schwarz, H.**
Simulationsgestützte CAD/CAM-Kopplung für die 3D-Laserbearbeitung mit integrierter Sensorik
1994, 96 Abb., 148 Seiten, ISBN 3-540-57577-4 88,– DM

Die Bände sind im Erscheinungsjahr und in den Folgenden drei Kalenderjahren zu beziehen durch den örtlichen Buchhandel oder durch Lange & Springer, Otte-Suhr-Allee 26-28, 10585 Berlin